"双碳"目标下中国碳定价改革研究

赵书博　著

中国财经出版传媒集团
中国财政经济出版社
·北京·

图书在版编目（CIP）数据

"双碳"目标下中国碳定价改革研究 / 赵书博著.
北京：中国财政经济出版社，2024. 11. -- ISBN 978-7-
5223-3416-5

Ⅰ. X511

中国国家版本馆CIP数据核字第2024XZ6601号

责任编辑：苏小珺　　　　　　　责任校对：徐艳丽

封面设计：北京兰卡绘世　　　　责任印制：党　辉

"双碳"目标下中国碳定价改革研究
"SHUANGTAN" MUBIAOXIA ZHONGGUO TANDINGJIA GAIGE YANJIU

中国财政经济出版社 出版

URL：http://www.cfeph.cn
E-mail：cfeph@cfeph.cn

社址：北京市海淀区阜成路甲28号　邮政编码：100142
营销中心电话：010-88191522
天猫网店：中国财政经济出版社旗舰店
网址：https://zgczjjcbs.tmall.com
北京虎彩文化传播有限公司印刷　各地新华书店经销
成品尺寸：170mm×240mm　16开　17.75印张　249 000字
2024年11月第1版　2024年11月北京第1次印刷
定价：88.00元
ISBN 978-7-5223-3416-5
（图书出现印装问题，本社负责调换，电话：010-88190548）
本社质量投诉电话：010-88190744
打击盗版举报热线：010-88191661　QQ：2242791300

前　言

　　2020 年，中国宣布"二氧化碳排放力争于 2030 年前达到峰值，努力争取 2060 年前实现碳中和"的（"双碳"）目标。"双碳"目标的提出，是中国统筹国内国际两个大局作出的重大战略决策，彰显了在全球气候治理中"构建人类命运共同体"的思想内涵。为实现"双碳"目标，中共中央、国务院 2021 年 9 月印发《中共中央 国务院关于完整准确全面贯彻新发展理念做好碳达峰碳中和工作的意见》，提出要"完善政策机制"，具体措施包括"研究碳减排相关税收政策""加快建设完善全国碳排放权交易市场，逐步扩大市场覆盖范围，丰富交易品种和交易方式，完善配额分配管理"。

　　改革开放以来，中国经济发展迅速，目前已成为世界第二大经济体。伴随经济增长，二氧化碳排放量从 1978 年的 14.9 亿吨增加到 2022 年的 114.0 亿吨，在世界二氧化碳排放总量中的占比从 7.83% 提高到 30.68%。随着二氧化碳等温室气体排放的增加，中国气温呈现不断升高的趋势，且升温速率高于同期全球水平，引发气候变化。如果不采取充分的措施减缓和适应气候变化，气候风险会成为制约中国经济长期增长与繁荣的因素，并可能逆转发展成果。

　　为减缓和适应气候变化，2013 年底，中国在深圳、上海、北京、广东、天津开展了碳排放权交易市场试点；2014 年 4 月、6 月，在湖北、重庆开展试点；2016 年 12 月，在福建开展试点。2021 年 7 月起，中国启动全国碳排放权交易市场，为全球覆盖碳排放量最大的碳市场。截至 2023 年底，全国碳排放权交易市场共纳入 2257 家发电企业，累计成交量约 4.4 亿吨,成交额约 249 亿元。碳排放权交易市场运行的 10 年间(2013—2022年),中国碳排放量从 2013 年的 99.56 亿吨增加到 2022 年的 113.98 亿吨,增长 14.47%;在其运行之前的 10 年间(2003—2012 年),中国碳排放量由 48.41 亿吨增加到 97.79 亿万吨,增长 102.01%。可以看出,较实行碳排放权交易市场前的 10 年相比,实行碳排放权交易市场的 10 年后,中国碳排放量增长速度显著下降。

但不可否认的是,目前中国碳排放权交易制度存在一些问题,需要完善;中国还未开征碳税、碳价整体较低,如不改革,难以实现"双碳"目标。另外,气候变化关乎全人类的命运,需要世界各国共同应对。目前,全球气候治理取得了一定的进展,在推动碳减排方面发挥了一定作用。中国积极参与全球气候治理,发挥了一定的作用,但今后还需进一步提升在全球气候治理中的领导力。

20 世纪 90 年代以来,世界典型国家和地区运用碳定价推动碳减排,取得了一定的效果。总的来看,其包括按照循序渐进的原则推动碳定价改革,注重碳定价政策工具之间的配合,通过采取吸收利益相关者参与改革、充分考虑弱势群体的利益、提前规划好改革路线图以方便纳税人进行生产经营与投资决策等措施来提高碳定价的接受度等,这些经验值得中国学习。另外,欧盟、美国等在全球气候治理中通过外交、援助、以身示范等措施发挥领导作用,其中的一些做法值得中国借鉴。中国应在借鉴世界典型国家经验的基础上,完善碳定价。

本书分析碳定价推动碳减排的理论依据、中国现行碳定价在推动碳减排方面发挥的作用与存在的问题,并在借鉴世界主要国家和地区碳定价经验的基础上,提出中国碳定价的改革对策。本书共九章:第一章,引论;第二章,碳定价相关概念及其推动碳减排的理论依据;第三章,中国气候治理目标与政策及碳定价分析;第四章,全球气候治理目标与政策及碳定价发展;第五章,世界典型国家和地区气候治理目标与政策;第六章,世界典型国家和地区碳定价——欧洲篇;第七章,世界典型国家和地区碳定价——非欧洲篇;第八章,世界典型国家和地区碳定价比较与借鉴;第九章，中国碳定价改革对策。

本书由赵书博主笔完成，周慧雪、陈静琳、李昂、赵健、姜明耀、王志馨等参与了部分章节的写作，宋子贺、陈莉搜集了部分资料。由于作者水平有限，错漏之处在所难免，请各位读者批评指正。

作者

2024 年 9 月

目　录

第一章 引论

"碳达峰、碳中和"（"双碳"）目标的提出，是中国统筹国内国际两个大局作出的重大战略决策，彰显了在全球气候治理中"构建人类命运共同体"的思想内涵。为实现"双碳"目标，2021 年 9 月发布的《中共中央 国务院关于完整准确全面贯彻新发展理念做好碳达峰碳中和工作的意见》，提出要"完善政策机制"，具体措施包括"研究碳减排相关税收政策""加快建设完善全国碳排放权交易市场，逐步扩大市场覆盖范围，丰富交易品种和交易方式，完善配额分配管理"。我国是碳排放大国，目前碳定价政策还不完善，包括碳排放权交易市场（ETS）存在一些问题、碳税还未开征等，如不改革，难以实现"双碳"目标。与之相对应，世界典型国家和地区多年来运用碳定价推动碳减排，取得了一定的效果。中国有必要在借鉴国际经验的基础上，优化碳定价政策。

一、研究综述

（一）关于碳定价的理论研究

1. 碳定价的理论依据

（1）外部性理论。马歇尔（Marshall，A.，1890）在其发表的《经济学原理》中提出了"外部经济"概念，庇古（Pigou，A. C.，1920）对其进行了完善和充实，指出个人或群体的经营行为会对群体中其他人的福利产生好的或坏的影响，外部效应包括正外部效应和负外部效应。萨缪尔森和诺德豪斯（Samuelson P. A.，Nordhaus W. D.，1999）等认为，外部性是指那些生产或消费对其他群体形成了不可补偿的成本或给予了无须补偿的收益的情形，例如，政府不采取措施，市场主体产生的温室气体排放会影响气候变化，产生外部性。

（2）庇古税。基于外部性理论，庇古（Pigou，A. C.，1920）指出可以通过政府征税、收费或者补贴的方式解决外部性问题，增加社会总福利。其中，用来补偿污染排放者的私人成本与社会成本之间差距的税收称为庇古税。将"污染"变为"温室气体排放"，也是同样的道理。碳税将企业或个人排放的二氧化碳等的外部成本内部化，可以解决市场失灵问题，其实质是庇古税。只有当温室气体排放者承担全部环境成本时，才能有效地管理碳排放。

（3）科斯定理。碳排放交易制度（carbon emissions trading system，ETS）通过界定明确的产权，使市场主体可以对碳排放权进行交易，利用市场解决二氧化碳等温室气体排放导致的负外部性问题，符合科斯定理（Coase，R. H.，1960）。需要说明的是，根据碳排放交易制度建立的市场为碳排放权交易市场，以下简称碳市场。

2. 碳定价的作用机制与效应

碳定价给碳排放设定价格，提高市场主体的碳排放成本，引导其通过减少化石能源使用或提高能源使用效率等方式，减少温室气体排放，有助于降低气候变化风险、鼓励低碳技术创新、增加政府收入（Weitzman，M. L.，1974；夏凡等，2023）。

3. 碳税与碳市场的关系

碳税是政府事先制定排放价、由市场决定排放数量，碳减排效果不确定，优点是实施成本相对较低、覆盖范围广。碳市场减排效果较为确定，但实施成本高，覆盖范围较为狭窄。有学者指出，碳税与碳市场应是组合关系，而非替代性关系，组合后的效果略微胜过仅征收碳税的效果而明显胜过仅实行碳市场的效果（Pizer, W. A., 2002；Mandell, S., 2008；Haites, E., 2018）。

（二）关于中国碳定价的研究

1. 中国碳定价改革的必要性

（1）实现"双碳"目标的需要。目前，中国碳定价只有碳市场一种工具，其实质是一个多行业的可交易绩效标准。碳市场的总量是一个与所覆盖行业实际产出量相关的灵活总量，而非固定总量（张希良等，2021）。胡苑等（2023）、张宝（2023）、高桂林等（2022）、刘磊（2022）、冯俏彬等（2022）、马海涛等（2021）、龚辉文（2021）、鲁书伶等（2021）、李建军（2021）等认为，中国碳市场在推动碳减排方面发挥了一定的作用，但还存在一些问题，如覆盖范围狭窄、成交价格较低、碳减排效果不显著等。

（2）应对欧盟碳边境调节机制（CBAM）的需要。邓嵩松等（2023）、邢丽等（2023）、李科（2022）、刘勇（2023）等认为，CBAM 的实施，会使中国出口受到影响，产业竞争力受损，本应获得的收入被欧盟获得。因而，中国应改革碳定价，提高在全球气候治理中的话语权。

2. 我国碳定价的改革对策

（1）开征碳税。众多学者认为，中国碳税缺失，难以实现"双碳"目标，因而有必要开征碳税。

①类型。胡苑等（2023）、冯俏彬等（2022）认为，如果将碳税作为一个独立税种，开征程序复杂、耗时较长，因而，应将其纳入环境保护税的范围。而高桂林等（2022）则认为，二氧化碳不是大气污染物，不宜并入环境保护税，应将碳税设为独立税种。

②计税依据。开征碳税初期，中国可以以化石燃料的碳含量作为计税依据，待技术成熟后改为以二氧化碳排放量为计税依据（张莉等，2021；

苏明等，2011）。

③税率。苏明等（2011）指出，税率设计中，中国应处理好降低碳排放与经济发展之间的关系。

④税收优惠。税收优惠应发挥引导企业进行低碳技术研发的作用，注重实现碳税的双重红利，尽可能不对企业的竞争力造成负面影响（马海涛等，2021）。

⑤收入使用。中国应将碳税收入用于支持企业设备升级改造，以及用于补助弱势群体等（李清如，2022）。

（2）改革碳市场。

①应扩大碳市场覆盖的行业范围、逐步减少配额总量与提高拍卖比例、设置价格稳定机制等（杨姗姗等，2023；胡明禹等，2023；鲁政委等，2021）。韩融（2023）认为，中国分配配额时应权衡经济发展与减排行动、权衡代际公平和代内公平。聂国良等（2023）提出，中国应逐步完善 ETS 的法治保障体系。

②应发展温室气体自愿减排市场（CCER）。鲁政委等（2024）、韦铁等（2024）、王科等（2024）认为，中国应尽快增加碳市场参与主体与交易品种、完善碳金融市场的制度等。

（3）全面改革碳定价。庄贵阳等（2023）、蒋金荷（2024，2022）、刘燕华等（2021）认为，未来中国应全方位多角度参与全球气候治理与合作、协同推进绿色发展与碳减排等。龚辉文（2021）认为，"双碳"目标下我国应对气候变化的税收政策应分为三类，分别是控制和减少温室气体排放的税收政策、保护与提高生态系统碳汇能力的税收政策、提高人类适应气候变化能力的税收政策，并分别提出了改革建议。

（三）关于碳定价的国际比较研究

1. 碳税比较研究

（1）税制比较。学者们分别比较了碳税的类型（邓微达和王智烜，

2021；陈旭东，2022）、征税范围与纳税环节（许文，2021；鲁书伶和白彦锋，2021）、税率（陈旭东等，2022；鲁书伶和白彦锋，2021；邓微达和王志煊，2021）、计税依据（许文，2021）、税收优惠（贾晓薇等，2021）、收入使用（薛皓天，2022），分析了碳税与其他政策的关系（邓微达等，2021）。

（2）经验总结。陈旭东等（2022）、王瑞华等（2022）、邓微达等（2021）、许文（2021）、Drews，S. 和 van den Bergh，J. C. J. M.（2015）、Schuitema，G. 等（2010）、Dresner，S. 等（2006）总结了多国碳税改革经验；高阳等（2014）总结了澳大利亚碳税的教训；Metcalf G E.（2009）探讨了美国是否引入碳税的问题；Andersson，J. J.（2019）归纳了瑞典的碳税改革经验。这些国家碳税的经验或教训包括：税率从低到高、覆盖范围逐步扩大、充分听取利益相关方利益等。

2. 碳市场比较研究

王文举等（2018）探讨了我国碳排放总量确定、指标分配、实现路径机制；李峰等（2018）研究了中国碳市场试点抵消机制问题；高瑞等（2024）总结了美国碳市场自愿减排机制（CAR）的经验及对我国的启示；吕红等（2021）分析了欧盟碳市场（EU ETS）的运行特点与可借鉴经验；文亚等（2023）比较了中欧碳市场的建设理念与实践；北京理工大学能源与环境政策研究中心（2024）、陈骁等（2022）、傅京燕等（2016）分析了全球碳市场的建设经验及其对中国的启示。

3. 碳定价比较研究

李丁等（2024）、冯俏彬（2023）、蒋金荷（2022）、Carattini，S. 等（2018）、Mandell，S.（2008）、Pizer，W，A.（2002）认为，国家间与地区间气候治理的合作不断增强，但协调力度不足，表现为全球碳定价呈现碎片化发展特征，具有多层次、无中心、少协调、弱连接的特点。如不进行协调，可能会影响全球减排效果、破坏全球贸易体系。协调碳定价的路径包括连接碳市场、成立气候俱乐部等（蒋力啸等，2024）。李清如（2022）分析了日本碳定价的发展趋势。OECD、WB每年发布报告，分析全球碳定价的发展趋势。

（四）关于碳边境调节机制的研究

1. 碳边境调节机制的实质

欧盟自2023年10月1日起实施碳边境调节机制（CBAM），意在防止碳泄漏、保护欧盟成员国的产业竞争力、提高欧盟在碳定价方面的话语权、发挥在应对气候变化方面的全球领导力（李烨，2024；刘勇，2023；李科，2022；汪惠青等，2022；王谋等，2021；韩立群，2021）。随着欧盟CBAM的实施，贸易议题与气候议题相结合的趋势日益紧密（庄贵阳等，2023），世界主要经济体间围绕与绿色经济相关的制度规则、产业体系、技术创新等方面的竞合态势增强。

2. 碳边境调节机制对中国的影响及中国的应对策略

短期来看，CBAM将影响中国出口、影响国际贸易格局。长期来看，CBAM将会促进中国低碳技术的研发，对中国的产业结构产生积极影响。中国的应对策略包括积极参与气候变化国际规则的制定，加强与欧盟的合作，为发展中国家发声，争取中欧碳市场在一定条件下实现互认，完善中国碳定价等（李科，2022；刘勇，2023；韩永红等，2021）。

二、对前人研究的评价

前人对一些国家和地区的碳税、ETS进行了比较研究，但尚未分析碳定价与气候治理目标的关系；尚未全面分析不同管辖区碳定价出台背景、发展趋势与改革路径。基于此，本书将尝试研究世界典型国家和地区碳定价与其气候治理目标的关系，全面分析全球碳定价发展趋势，以及不同国家和地区碳定价改革路径，并在借鉴国际经验的基础上提出未来我国碳定价的改革对策。

三、主要内容及研究目标

（一）主要内容

本书分析碳定价推动碳减排的理论依据、中国现行碳定价在推动碳减排方面发挥的作用及存在的问题，并在借鉴世界主要国家和地区碳定价经验的基础上，提出中国碳定价的改革对策。本书共九章：第一章，引论；第二章，碳定价相关概念及其推动碳减排的理论依据；第三章，中国气候治理目标与政策及碳定价分析；第四章，全球气候治理目标与政策及碳定价发展；第五章，世界典型国家和地区气候治理目标与政策；第六章、第七章，世界典型国家和地区碳定价；第八章，世界典型国家和地区碳定价比较与借鉴；第九章，中国碳定价改革对策。

（二）研究思路与目标

研究思路、主要内容和目标如图 1-1 所示。

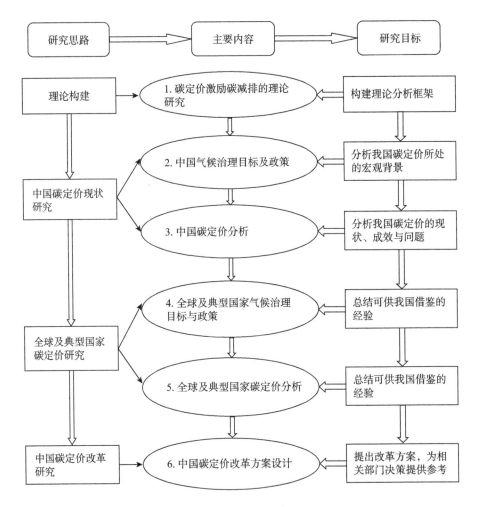

图 1-1 研究思路、主要内容和目标

四、研究思路与研究方法

本书遵循理论研究—政策研究—比较研究—规范研究的思路进行。所用的研究方法包括：第一，文献分析法与规范分析法。搜集与研究主题相关的国内外文献，对相关理论进行总结，对相关的研究范式与研究方法进行提炼，从而确定本书的研究起点、研究方向、研究思路，建立分析框架。第二，比较研究法。比较世界典型国家和地区碳定价的异同并归纳其特点。第三，座谈法。首先，对企业进行调研，听取他们的意见；其次，赴税务部门、环保部门调研，了解其工作实践中遇到的问题；最后，与相关专家座谈，充分听取专家意见，并根据其意见进行修改。具体研究思路和方法如图 1－2 所示。

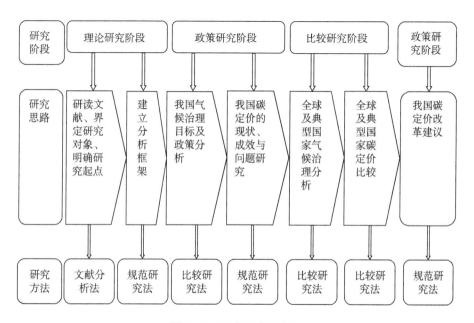

图 1－2　研究思路和方法

五、创新及不足之处

（一）创新之处

本书的创新之处表现在：第一，研究视角比较独特。本书将碳定价放在新一轮财税体制改革的大背景下，提出的对策有利于推动中国经济提质增效。第二，研究问题比较全面。本书全面分析全球碳定价发展趋势与改革路径，总结典型国家和地区碳定价改革经验，对全球碳定价进行全景式描述与分析。在此基础上，提出中国的改革建议。

（二）不足之处

尽管作了最大努力，但是本书还存在以下不足之处：第一，尚未对碳定价可能产生的经济效应进行一般均衡分析。第二，对特定国家和地区碳定价的制度比较尚需进一步深入。第三，尚未分析与总结隐性碳定价如（燃料）消费税的发展趋势及可供借鉴的经验。

第二章 碳定价相关概念及其推动
碳减排的理论依据

一国促进碳减排、控制气候变化的手段可以分为两类：一是传统的命令控制型手段（command and control，CAC），即一国运用公共权力，通过制定特定的规则或标准，对市场主体的行为进行限制与调控，具有强制性。一般来讲，命令控制型手段倾向于使市场主体承担相同的碳减排负担，而不考虑相应的成本差异问题。二是市场化手段（market based instruments，MBI），即一国不是直接干预市场主体的行为，而是通过市场信号来引导其行为，借助市场的力量达到气候治理目标。一般情况下，相较于命令控制型手段，市场化手段在促进碳减排技术创新、调动市场主体积极性上更胜一筹。但当温室气体排放引发的气候问题特别严峻、环境损害的成本相当大或者温室气体排放者很少的条件下，命令控制型手段则具有明显的针对性，成本也较低。碳定价属于市场化手段，本章研究其推动碳减排的理论依据。

一、与碳定价相关的概念

（一）碳定价

1. 定义

碳定价是一国实施的覆盖（弥补）温室气体排放的外部成本的政策，

其通过价格信号引导市场主体将气候变化成本纳入经济决策之中，达到改变生产、消费和投资模式，实现经济发展与气候保护兼容的目的（Stern, N., Stiglitz, J., 2017）。碳定价不是规定谁应该在哪里以及如何减少排放，而是向排放者提供经济信号，并允许他们决定是改变行为以降低排放，还是继续排放并为之付费，从而以最灵活、社会成本最小的方式实现总体环境目标。碳定价是一种具有成本效益的政策工具，政府可以将其用作更广泛的气候战略的一部分（Stern, N., Stiglitz, J., 2017; Baumol, W. J. 和 Oates, W. E., 1988）。

2. 分类

经济合作与发展组织（OECD）将碳定价分为显性碳定价与隐性碳定价两种类型。显性碳定价是指提供明确的价格信号以减少温室气体排放的政策，包括碳税、ETS。隐性碳定价是指未提供明确的价格信号但能够在一定程度上降低碳排放的政策，例如，属于能源使用税类别的（燃料）消费税，其开征的首要目标通常是取得财政收入、降低环境污染等，税额的多少通常不完全与碳排放或燃料中的碳含量直接挂钩。与显性碳定价相比，隐性碳定价以一种更间接的方式影响碳排放（Haites, E, 2018）。世界银行（WB）将碳定价分为直接碳定价与间接碳定价两种类型，其中，直接碳定价的含义与显性碳定价相同，包括的政策工具有碳市场、碳税和碳信用；间接碳定价的含义与隐性碳定价相同，包括的政策工具有能源税，如（燃料）消费税、补贴等。本文研究 OECD 与 WB 共同认可的显性（直接）碳定价工具，包括碳税与碳市场。

（二）碳税

1. 定义

碳税是针对二氧化碳等温室气体的排放所征收的一种税，意在减少二氧化碳排放。在实践中其被认为是间接税，更确切地说，被认为是消费税。间接税或消费税的纳税人与负税人不见得完全相同，碳税也是如此。碳税与其他税种有明显的不同：第一，开征目的不同。开征碳税的首要目的不是取得收入，而是改变企业或个人的行为以减少温室气体排放。第二，税收负担更加难以逃避。碳税以被高度监管的行业如发电行业的企业为纳税人，征税对象为燃烧石油、天然气和煤炭等产生的温室气体排放，这些非常容易被观察到，难以逃避。第三，造成的扭曲较小。石油储备、煤矿和天然气井是不能移动的，对其征税不会导致出于避税的目的而进行的搬迁。与对劳动力或资本征税相比，产生的扭曲和无谓损失较小（Bento，A. M. 等，2007）。

2. 类型

依据是否单独设立税种，可将碳税分为嵌入式与独立式两种类型。其中，嵌入式是指将二氧化碳作为一个税目嵌入现有的消费税或环境保护税等相关税种中，独立式是指将碳税作为一种独立的新税种。

3. 计税依据与纳税人

依据征税方法，可将碳税分为燃料法与直接排放法两种类型。

（1）计税依据。燃料法（fuel approach）的设计理念是，燃料燃烧是二氧化碳排放的主要方式，煤炭、天然气、石油等化石能源的含碳量都是确定的，对化石燃料碳含量征税可间接转换为对二氧化碳排放的征税。燃料法以化石燃料的消耗量作为计税依据，如每吨煤炭、每立方米天然气、每升汽油等，将纳税人消耗的燃料数量与该类燃料的碳含量相乘，推算出二氧化碳等温室气体的排放量。该方法的优点是简便易行，在世界范围内被广泛应用。直接排放法（direct emissions approach）以二氧化碳等温室气体的排放量为计税依据，如每吨二氧化碳（或二氧化碳当量）。二氧化碳等温室气体主要来源于燃料燃烧产生的排放，但也有其他来源的排放，该方法对所有来源产生的温室气体排放均可适用。该方法的缺点是管理成本较高，难以将小排放企业纳入征税范围。

（2）纳税人。燃料法下，纳税人可以是燃料的进口商、销售者或消费者，纳税义务的发生时间可以是燃料量的进口、销售或消费环节。直接排放法下，纳税人一般为拥有或经营排放二氧化碳设施的企业，纳税义务的发生时间一般为碳排放发生的时间。

4. 征税范围

（1）温室气体范围。温室气体是大气中吸收与重新放出红外辐射的自然和人为的气态成分，如二氧化碳（CO_2）、甲烷（CH_4）、一氧化二氮（N_2O）、氢氟碳化物（HFCs）、全氟化碳（PFCs）、六氟化硫（SF_6）和三氟化氮（NF_3）。各国国情不同，碳定价覆盖的温室气体范围并不完全相同。不同气体对温室效应的影响程度有所不同，联合国政府间气候变化专门委员会（IPCC）提出了二氧化碳当量（CO_2e）这一概念，以统一衡量这些气体排放对气候的影响。

（2）行业范围。不同国家和地区根据经济发展情况、不同行业碳排放情况确定碳税覆盖的行业范围。

5. 税率

税率代表征税的深浅，是税制构成的基本要素。理论上，碳税的最优税率应为社会成本与私人成本之差。但实践中，一国或地区很难根据社会最优水平设定税率，而是在统筹考虑多种因素，如本国的减排目标或向《联合国气候变化公约》（以下简称《公约》）作出的承诺（如国家自主贡献，NDC）、产业竞争力、与其他政策工具的一致性、政治可行性等的基础上确定的。

（1）确定税率的策略。

①为了确保税收遵从和减少碳税对经济的冲击，一国或地区可以在碳税实施初期实行低税率，然后逐步提高至所需的水平，即爬坡式引入（ramp‑up introduction）。该方法下，市场主体有时间逐步淘汰碳密集型设

施。然而，如果出于政治方面的考虑，初始税率太低，碳减排效果可能不明显（WB，2019）。

②将税率设定在足够高的水平，以实现环境目标与经济的绿色增长（OECD，2021）。与第一种策略相比，根据该策略确定的税率较高，可能会遭到民众反对。为减少改革阻力，一国或地区最好将碳税作为"一揽子"改革措施的一部分，在引入碳税的同时改革其他税种，如降低所得税的税率和对弱势群体给予补偿（PMR，2017）等。

（2）确定税率的技术方法。

①标准与价格法（standards and price approach）。即设定与特定碳减排目标相对应的税率（Baumol，W. J. 和 Oates，W. E.，1971；Walker，M. 和 Storey，D. J.，1977），其重点不是弥补碳的社会成本，而是实现特定的减排目标。该方法下，一国或地区需要先确定碳减排目标，然后估算与该目标匹配的税率。

②收入目标法（revenue target approach）。除了达到气候治理目标，一些国家或地区开征碳税还有另外一个原因——取得收入。需要注意的是，根据该方法确定税率会影响碳减排的效果。

③基准法（benchmarking approach）。该方法下，一国以其他国家或地区税率作为基准设计国家或地区税率。由于国家或地区的情况不同，政策制定者选择可比国家或地区时需要考虑的因素包括政策目标、经济发展情况、政治制度、人口因素等。

（3）税率的调整。很多国家或地区在推进碳税过程中不断评估其效果，如果发现碳税在运行一段时间后仍未达到预期的政策目标，则对其进行调整。实践中，调整税率的方法有两类：一是类似于自动稳定器，二是相机抉择。

①自动稳定器。政策制定者在立法中预先设定触发税率变化的特定标准或情景，如特定期限未达到特定的减排目标，或者通货膨胀达到一定程度，税率自动提高。

②相机抉择。一国或地区根据经济形势、减排目标等，对税率进行审

查与调整。与自动稳定器相比，该种方法提供了更大的灵活性，但不便之处是税率的任何调整都需要经过司法程序。

6. 税收优惠

税收优惠形式有减税、免税、退税等。设立税收优惠的好处有两个，一是降低碳税的累退性。一般来讲，碳税对低收入群体的影响更大，在碳税中设有税收优惠条款可以减少累退性。二是维持本国企业的竞争力。大多数已实施碳税的国家或地区对脆弱的行业给予优惠，以维持该产业的竞争力。

7. 税收管理

（1）管理机构。燃料法下，政策设计者根据相关资料（如平均排放系数、燃料类型、生产过程）确定燃料的碳含量，并在税法中予以明确，纳税人运用消耗的燃料数量乘以该种燃料的碳含量与税率来计算应纳税额。实行该方法的国家或地区，碳税的管理机关通常是税务机关。直接排放法下，纳税人用温室气体排放量乘以税率计算应纳税额。该方法下，碳税的管理机关可能是税务机关，也可能是其他机关。

（2）管理方法。燃料法下，税收征管可依托现有的消费税征管系统，征管成本较低；纳税人在账簿中记录燃料的消耗情况，遵从成本也比较低。直接排放法下，管理机关有必要监测温室气体的排放量。为此，一国或地区需要建立健全设施登记制度，以及监测、核查、报告制度（monitoring, reporting, verification, MRV），管理成本较高。以设施登记为例，理论上，企业要就所经营的所有设施进行登记，以确定其是否负有义务纳税。如果一国不存在这样的登记系统，则必须开发一个新的系统，成本较高。此外，企业还需购买二氧化碳监测设备以捕捉、测算和报告二氧化碳排放量，遵从成本相应较高。因此，直接排放法适用于大型排放源，不太适合小型排放源。为避免欺诈，实行碳税的国家或地区一般允许税务机关检查与纳税人有业务往来的实体。燃料法与直接排放法的优缺点如表 2-1 所示。

表 2-1 燃料法与直接排放法的优缺点

分类	燃料法	直接排放法
优点	污染者付费；可以依托现有的消费税管理系统，管理与遵从成本较低；覆盖范围包括小型和大型固定设施以及交通中产生的大部分二氧化碳排放	污染者付费；需要利用现有的或开发新的 MRV 系统；具有开发其他更复杂的工具并最终转化为 ETS 的可能性；可覆盖非燃料燃烧产生的排放
缺点	如果鼓励企业选择更高质量的燃料，则需要设计更多的税率，税制会变得更复杂；未覆盖二氧化碳以外的温室气体排放；没有开发 MRV 系统	管理与遵从成本较高；难以适用于小型排放源；不适用于交通用的燃料

（三）碳市场

碳市场是交易温室气体排放权的市场，碳排放者根据自身情况决定是在碳市场购买配额，还是通过使用碳减排技术等来满足碳减排要求，碳排放权的价格由市场决定。碳排放权交易可以跨部门、跨国家或地区进行，那些能够以更低成本降低碳排放的企业可以将其配额出售给未达到碳减排要求的企业，从而实现资源的优化配置。碳市场参与主体（管控对象）需要监测并向主管机关报告经过独立机构核查的温室气体排放量。主管机关必须对 ETS 参与者之间的配额交易进行跟踪，以最大限度地降低欺诈和操纵风险。可见，一国或地区实施 ETS 需要专门制定配额交易规则，管理也较为复杂，因而发达国家实施该类政策的较多。

1. 类型

从世界范围来看，碳市场主要分为两个类型：限额与交易（cap - and - trade）市场和基于强度（rate - based）（也被称为交易绩效标准，TPS）的市场。

（1）限额与交易市场。该类市场中温室气体排放总量是事先确定的，这给管控对象提供了一个长期的价格信号，使其可以进行相应的减排规划和投资。但如果上限设计不当（如较为宽松），往往会导致配额价格较低，对管控对象减排的激励不足。另外，由于市场供需关系的变化，配额价格可能出现剧烈波动，给管控对象的长期投资和规划带来不确定性。

（2）基于强度的市场。该类市场在控排力度和经济发展间建立了联动机制，使减排目标与国内生产总值（GDP）等经济指标的增长目标相协同。但如果强度指标设计并不合理，会影响碳减排的效果。

2. 限额

限额与交易市场下，限额是政府根据本国经济社会发展情况、减排目标等提前设定的。基于强度的市场下，限额为所有单个受管控实体的配额之和，因实际生产水平而变化。

3. 配额分配

配额分配的科学性和公平性是保证 ETS 减排有效性的关键。通常情况下，一国或地区在实施 ETS 的早期阶段完全免费分配配额或少量拍卖配额，随着 ETS 的成熟逐步提高配额的拍卖比例。

（1）免费分配配额。以管控对象的历史排放水平为基准分配配额，具体分为两种方法。

①祖父法。一国或地区根据管控对象在特定期间的历史排放量或历史排放强度分配免费配额。该方法的优点是分配流程相对简单，对数据的要求不高。但对于那些早期减排较多的企业，其历史排放量相应降低，能够获得的配额相应减少。

②基准法。一国或地区根据产品或行业的排放强度制定绩效标准，用该标准与产出相乘，计算得出管控对象应获得的配额数量。排放强度低于基准的管控对象可免费获得其所需的全部配额，排放强度超过基准的管控对象只能获得其履约所需的部分配额。该方法的优点是可以激励管控对象尽早展开减排行动，但前提条件是一国或地区须拥有高质量的数据、充分了解工业流程。实行免费法可以降低 ETS 的进入门槛，提高市场主体参与

的积极性。另外，对排放密集型和贸易暴露型（EIET）行业免费分配配额，不会增加其碳减排成本，使其继续保持竞争力。免费分配配额的缺点是，由于企业的减排压力相对较小，对碳价的敏感性也相对更低，缺乏对低碳技术创新的有效激励。

（2）拍卖配额。即通过拍卖分配配额，将配额分配给最认可配额价值的人，鼓励和引导社会资本向更具优势的减排行业流动，有利于以更低的成本实现碳减排。该方法有利于缓解免费分配配额引发的市场和道德风险，同时保障了新进入碳市场的企业与原有企业在配额分配方面的公平，有利于提高碳市场的有效性。此外，拍卖配额还能产生收入。但不同行业和企业的排放总量和减排潜力存在较大的差异，配额拍卖可能会导致出现不公平的情况（宣晓伟和张浩，2013）。

4. 覆盖范围

（1）覆盖的行业范围。ETS 覆盖范围广泛才能确保碳市场运作所需的足够交易水平，降低市场参与者垄断市场的风险。在大多数国家或地区，ETS 首先覆盖电力和工业部门，原因是这些行业是碳排放大户并且数据质量较高，企业对减排成本和碳减排方法的了解程度高，有能力参与碳市场。其次覆盖交通部门，原因是该部门温室气体排放的增长速度迅猛，减排潜力巨大，有必要纳入 ETS。

（2）覆盖的企业范围。一国或地区规定所覆盖行业的企业参与 ETS 的标准，如规定企业年度温室气体排放量达到一定水平等，将未达到标准的企业排除在碳市场之外。

（3）覆盖的气体范围。从理论上讲，一个广泛适用各类温室气体的 ETS 是最有利于推动碳减排的。然而，在实践中，不同国家或地区 ETS 所覆盖的温室气体有所不同，大多数国家或地区的 ETS 覆盖人类活动排放的主要温室气体二氧化碳，也有的覆盖甲烷等其他温室气体等。

（4）覆盖的燃料范围。从理论上分析，ETS 覆盖的燃料范围越广泛，越有利于推动碳减排。实践中，各国根据本国经济社会发展情况、征管能力，设计本国碳市场覆盖的燃料范围。

5. 成交价格

配额成交价格受经济发展情况、限额总量、拍卖比例、市场参与主体数量等因素的影响，价格会有波动，特定情形下，如经济危机期间，会产生较大的波动。在成交价格大幅下降的情况下，ETS 难以发挥推动碳减排的作用。

6. 市场稳定机制

碳市场价格受多重因素影响，包括限额的多少、参与交易的供需双方数量等。如果一国或地区确定的限额数量过多或需求方较少时，配额成交价格降到非常低的程度，影响碳市场作用的发挥。因而，很多国家或地区通过设定最低交易价格、配额储备等方式，以达到稳定市场价格的目的。

（四）碳市场与碳税的不同

1. 发挥作用的机制不同

ETS 由政府设定碳排放总量或排放强度，由市场决定碳价；碳税由政府设定碳价（税率），由市场决定排放总量。相对来讲，ETS 的减排效果更确定，更易于达到预期的减排目标；碳税的减排效果不确定，但提供了稳定和可预测的价格，碳排放者进行特定活动将要面临的成本具有确定性。

2. 立法程序不同

有的国家和地区对税收有较为严格的立法程序方面的要求，而对 ETS 立法程序的要求则相对宽松。例如，根据欧盟条约的规定，开征新的税种需要成员国一致同意，而 ETS 需要合格的多数同意即可，因此，在欧盟范围内实施碳税被认为在政治上是不可行的，而 ETS 则相对具有可行性，欧盟 2005 年引入碳市场（EU ETS），强制适用于所有成员国，很大程度上是出于这个原因；美国加州要求需获得三分之二的绝对多数票才能通过税收立法，而 ETS 不需要绝对多数批准，这也是加州 ETS 得以顺利推出的原因；法国于 2009 年引入碳税的提议被该国宪法委员会阻止，理由是该税对卡车运输、农业等给予了过多的免税，这将导致不公平和低效率，最终法国通过扩大碳税的征收范围和填补先前提案中的漏洞来避免被宪法委员会阻止，于 2014 年引入碳税。

3. 与其他国家合作的难易程度不同

碳税属于一国主权，国与国之间的协调面临更加多元的考量，比较难以实现。相对而言，作为市场，ETS 可以较为容易地在不同国家、地区间实现连接，有利于在较大范围内达成一致行动。连接之后，碳市场总量更大、流动性更强，管控对象可以使用另一个碳市场中的配额来履约。一个规模更大、流动性更强的碳市场能更好地承受商品价格或汇率的突然变化带来的冲击。

4. 管理制度与成本不同

ETS 需要建立 MRV 制度，管理成本较高。相比之下，碳税可以选择以直接碳排放作为计税依据，也可以选择以燃料碳含量作为计税依据。其中，后者的征收可直接依托现有税收征管资源，操作较简单，管理成本相对较低。但当一国对农业、渔业给予支持而有免税、抵免等税收优惠时，碳税制度也会变得复杂，管理成本相应增加。

5. 适用对象不同

考虑到管理成本、企业遵从成本等因素，ETS 一般设定参与碳市场的企业的标准，覆盖大的排放源，因此公平性较差；碳税可以适用于各种规模的排放源，适用范围较为广泛，相对较为公平。

（五） 碳泄漏

不同国家或地区的情况不同，政策差异很大。只要特定国家或地区国际合作伙伴的碳减排政策未能达到与其相同的水平，消费者就有可能选择使用碳排放政策宽松国家或地区的产品，企业也可能将生产转移至境外，产生碳泄漏风险，特定国家或地区气候政策的有效性会受到影响。

解决碳泄露的方法有四种：第一，免费发放许可证。例如，EU ETS 向碳泄漏风险最严重的部门免费发放排放许可证，解决了碳泄漏的问题。第二，单边实施碳边境调节机制（CBAM），即对进口的碳含量超过标准的产品征收碳税，出口不退还碳税。例如，欧盟推出 CBAM 就是为了实现欧盟区域内企业与区域外企业的平等竞争、解决碳泄漏问题。第三，根据消费地征收碳税（CBT），即对来自没有实行碳定价或虽已实行碳定价但碳价水平较低的国家或地区的进口商品征收碳税，对出口到不实行碳定价或虽已实行碳定价但碳价水平较低的国家或地区的产品给予退税，使本国出口商品在国外市场处于公平地位。这类似于税收管辖区对进口商品按国内增值税税率征税，而对出口商品给予退税，其实质是根据消费地原则对消费征税（Böhringer，C. 等，2022）。进口调整意味着未实行碳定价或已经实行，但碳价水平较低的国家或地区出口产品的碳成本增加，避免因碳价差异导致投资与消费转移，从而可以避免碳泄漏。第四，实行全球统一的碳价。WB（2017）认为，全球实行统一的碳价是减少碳排放的最具成本效益的政策工具，协调碳税需要签订双边或多边协议。表 2 - 2 为应对碳泄漏相关措施的优缺点比较。

表 2 - 2　　　　　　　　　　应对碳泄漏相关措施的优缺点

种类	优点	缺点
发放免费许可证	有利于保护排放密集型和贸易暴露型（EIET）行业	不利于激励企业碳减排
CBAM	有效防止碳泄漏、保持竞争力，同时保持价格信号	面临贸易合作伙伴报复的风险

续表

种类	优点	缺点
CBT	有效防止碳泄漏、保持竞争力。同时保持价格信号	管理复杂
碳税国际协调	保留价格信号并防止碳泄漏；利用国内税收来鼓励贸易伙伴推动碳减排；无行政成本或法律风险	在许多国家和有许多竞争对手的部门之间进行谈判较为困难

二、碳定价推动碳减排的理论依据

（一）外部性理论

外部性理论源于马歇尔的"外部经济"概念。1890 年，马歇尔在《经济学原理》一书中提出，"外部经济"指企业在扩大生产过程中因为外部因素而导致的生产成本的节约，如购买原材料价格的下降、交通便利程度的提升等。1920 年，庇古在其《福利经济学》中，提出了边际社会纯产品与边际私人纯产品等概念，并从社会资源最优配置的角度，正式提出和建立了外部性理论。在外部性理论的基础之上，庇古指出可以通过征税、收费或者补贴的方式，解决外部性问题，使社会总福利增加，其中，用税收弥补污染排放者产生的私人成本与社会成本之间差距的方式，被称为庇古税。庇古税依据污染排放的危害程度向排放者征收，在产品价格中加入污染成本。庇古税下，污染者将污染排放所支付的税收与减少污染少交税所能获的收益进行平衡，两者相等时，就是污染的最优水平。

将污染替换为温室气体排放同样适用。在没有政府干预的情形下，市场主体排放二氧化碳等温室气体引发气候变化，却不需支付由此造成的损害的全部成本。此时，社会成本高于私人成本，市场主体排放的温室气体的数量超过社会最优水平，导致气候变化，而气候变化是世界上最大的市场失灵（Stern，N.，2007）。碳定价就是将二氧化碳等温室气体造成的负外部性加入私人生产成本之中，迫使排放者承担其经济行动的全部成本，以社会最优水平生产或消费，从而达到社会资源的最优配置。

在实践中，多种原因如垄断等多种形式的市场扭曲，使庇古税的征收条件很难实现，一国不能完全将外部成本内部化。为此，Baumol，W. J. 和 Oates，W. E.（1971）提出了"标准价格法（standard – price approach）"，即将税率设定在一个被认为足以实现预定的气候治理目标的水平。当随着时间的推移一国意识到量化目标没有实现时，可以调整税率。

（二）科斯定理

科斯（Coase，R. H.，1960）认为，在产权明晰与交易成本为零的前提下，市场交易机制可以自行达到社会资源的最优配置。基于科斯的理论，Dales，J. H.（1968）将产权概念引入污染控制领域，首次提出排污权交易的概念，即政府通过控制签发排放权的数量来确定企业的污染排放水平，运用可交易的产权对污染物排放进行处理，并在排污权交易市场上进行买卖，从而确定排放权价格。碳排放权衍生于排污权，两者在运行机理上高度相似：排污权的客体为环境容量，碳排放权的客体则具象化到大气环境容量。后者包括二氧化碳等在内的温室气体含量，与地球表面的温室效应正相关，各类市场主体向大气排放温室气体的数量必须受到限制以避免产生温室效应。ETS 的本质就是通过界定明确的产权，使市场主体可以对碳排放权进行交易，利用市场解决二氧化碳等温室气体排放导致的负外部性问题。ETS 是基于科斯定理应对全球气候变暖这一外部性问题的典型实践。

（三）双重红利理论

Pearce，D.（1991）首次提出双重红利假说，即用碳税代替其他扭曲性税收，既可以控制对环境产生损害的经济活动，又可以降低现存税收的效率损失，从而产生环境与经济的双重红利。具体来讲，一方面，一国或地区实行碳定价有利于推动碳减排，促进企业对绿色技术的投资，提高人们的环保意识，这是第一重红利，即环境红利。另一方面，一国或地区在实行碳定价的同时，降低企业所得税、个人所得税等其他扭曲性税收以维持收入中性（revenue neutrality），有利于提高企业的经济效益，带动地区经济增长，这是开征碳税的第二重红利，即经济红利。

（四）可持续发展理论

1987 年，联合国环境与发展委员会发表题为《我们共同的未来》的报告，将可持续发展定义为"在不损害子孙后代满足自身需求的情况下满足当今需求的发展"。要实现可持续发展，必须兼顾当代人之间、当代人与后代人之间，以及不同国家或地区的利益，在环境、经济和社会可持续性之间取得平衡。基于此，Taylor, S. J.（2016）提出了可持续发展的三个支柱，包括经济可持续性、社会可持续性和环境可持续性。碳定价通过影响纳税人的利益来引导其行为，有利于可持续发展目标的实现。

（五）环境库兹涅茨曲线

库兹涅茨曲线是美国经济学家库兹涅茨于 1955 年提出的，反映了经济发展与人均收入的关系。该曲线的含义是，在经济发展过程中，国民收入从最低水平上升到最高水平时，收入分配状况先是越来越恶化，但伴随着经济的发展，这种情况将逐渐改善，最终达到较为公平的收入分配状态，并呈倒 U 形状。1991 年，经济学家 Grossman, G. M. 和 Krueger, A, B. 运用实证研究证明了环境质量与经济增长的关系，后经 Panayotou, T. 于 1993 年定义为环境库茨涅茨曲线（Environmental Kuznets Curve，EKC），或环境倒 U 形曲线。EKC 表明，在经济增长早期阶段，人均 GDP 较低、污染水平较低；随着经济发展，人均 GDP 提升、污染加剧，直至达到最高点。但人均收入超过一定水平，这一趋势就会逆转。因此在高收入水平上，经济增长会使环境改善，这意味着环境影响指标是人均收入的倒 U 形函数。

在图 2-1 中，环境库兹涅茨曲线代表不同经济发展水平和环境治理状况的三条曲线，横坐标代表人均国内生产总值（GDP），表明经济发展状况，纵坐标代表环境污染状况，表明环境质量。曲线 A 弯曲幅度最小，污染水平的峰值最低，且最早达到拐点，代表在经济发展早期可以在实现对环境的有效治理，实现经济与环境的协调发展，对环境的破坏程度最小，是平衡经济发展与环境污染程度最理想的状况。曲线 C 的弯曲幅度是三条曲线中最大，代表该经济体实行的是粗放式发展模式，出现拐点最晚，污染程度最为严重，以大量消耗资源和污染环境为代价实现经济发展，在三种发展模式中最不可取。曲线 B 为中间状态，虽然经济发展与环境污染同时存在，但一定的经济发展基础也为一国（地区）进行积极的环境治理提供了保障，是许多新兴的工业化国家采用的发展模式。

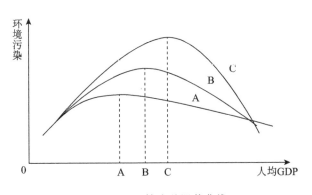

图 2-1　环境库兹涅茨曲线

将图 2-1 的环境污染替换为碳排放，也是同样道理。曲线 B 为中间状态，虽然经济发展与碳排放同时存在，但一定的经济发展基础也为一国（地区）进行积极的气候治理提供了保障。

第三章 中国气候治理目标与政策及碳定价分析

改革开放以来，中国经济发展迅速，目前已成为世界第二大经济体。伴随经济增长，中国二氧化碳排放量从 1978 年的 14.9 亿吨增加到 2022 年的 114.0 亿吨，在世界二氧化碳排放总量中的占比从 7.83% 提高到 30.68%。中国气象局气候变化中心发布的《中国气候变化蓝皮书 2023》相关数据显示，中国升温速率高于同期全球水平。如果不采取充分的措施减缓和适应气候变化，气候风险会成为制约中国经济长期增长与繁荣的因素，并可能逆转发展成果。为此，中国高度重视气候治理工作，提出了明确的气候治理目标，并颁布了一系列气候治理政策，形成气候治理政策体系。

一、中国气候治理目标与政策

（一）中国气候治理目标

2015 年 6 月 30 日，中国向《联合国气候变化公约》秘书处提交了应对气候变化的国家自主贡献文件《强化应对气候变化行动——中国国家自主贡献》，确定了到 2030 年的自主行动目标，包括二氧化碳排放 2030 年左右达到峰值并争取尽早达峰；单位 GDP 二氧化碳排放比 2005 年下降

60%—65%，非化石能源占一次能源消费比重达到 20% 左右，森林蓄积量比 2005 年增加 45 亿立方米左右，同时还提出了 15 个方面的应对气候变化行动政策和措施。

为实现承诺，中国在五年规划中细化了具体指标。例如，在 2021 年发布的《中华人民共和国国民经济和社会发展第十四个五年规划和 2035 年远景目标纲要》中，中国将单位 GDP 能耗降低 13.5%、单位 GDP 二氧化碳排放降低 18% 作为约束性指标，并设有专门章节部署了应对气候变化的重点任务。

2020 年，中国宣布"二氧化碳排放力争于 2030 年前达到峰值，努力争取 2060 年前实现碳中和"的（"双碳"）目标。2021 年 10 月 28 日，我国向公约秘书处正式提交《中国落实国家自主贡献成效和新目标新举措》与《中国本世纪中叶长期温室气体低排放发展战略》两个文件。其中，《中国落实国家自主贡献成效和新目标新举措》对 2015 年提交的国家自主贡献进行了更新，包括"二氧化碳排放力争于 2030 年前达到峰值，努力争取 2060 年前实现碳中和。到 2030 年，中国单位 GDP 二氧化碳排放将比 2005 年下降 65% 以上，非化石能源占一次能源消费比重将达到 25% 左右，森林蓄积量将比 2005 年增加 60 亿立方米，风电、太阳能发电总装机容量将达到 12 亿千瓦以上"。2021 年 10 月，中国发布的《中国本世纪中叶长期温室气体低排放发展战略》提出了中国本世纪中叶长期温室气体低排放的基本方针、战略愿景，以及实现目标的技术路径，部署了 10 个方面的战略重点。2021 年，中国成立碳达峰碳中和工作领导小组，各省（自治区、直辖市）也相应成立领导小组，加强碳达峰碳中和工作统筹。

（二）中国气候治理政策

为实现"双碳"目标，我国构建了"1 + N"政策体系。其中，"1"是指中国实现"双碳"目标的指导思想与顶层设计，包括 2021 年发布的《中共中央 国务院关于完整准确全面贯彻新发展理念做好碳达峰碳中和工作的意见》与《2030 年前碳达峰行动方案》两个文件，前者提出要"完善政策机制"，具体包括"研究碳减排相关税收政策""加快建设完善全国碳排放权交易市场，逐步扩大市场覆盖范围，丰富交易品种和交易方式，完善配额分配管理"；后者提出了我国推进碳达峰的主要目标、重点任务、政策保障等。"N"包括能源、工业、交通等重点领域的实施方案，煤炭、石油、天然气等重点行业的实施方案，以及科技支撑、财政支持与统计核算等方面的支撑保障方案。

同时，中国也非常重视甲烷减排工作，并出台了一系列文件。甲烷是全球第二大温室气体，在 100 年的期间里，甲烷的全球变暖潜能值是二氧化碳的 28 倍；在 20 年的期间里，甲烷的全球变暖潜能值是二氧化碳的 84 倍。《"十二五"控制温室气体排放工作方案》明确提出要控制甲烷等温室气体的排放，《"十三五"控制温室气体排放工作方案》进一步明确除了要控制农田甲烷排放，还要开展垃圾填埋场等产生的甲烷的收集利用以及与常规污染物的协同处理工作。2021 年 1 月，中国发布《关于统筹和加强应对气候变化与生态环境保护相关工作的指导意见》，提出了不同层面的措施，在重点排放点源层面，开展煤炭开采、石油天然气等重点行业的甲烷排放监测试点；在区域层面，探索甲烷等温室气体的排放监测。2021 年 3 月，中国发布的《中华人民共和国国民经济和社会发展第十四个五年规划和 2035 年远景目标纲要》提出要加大甲烷等的控制力度。2021 年 10 月发布的《中共中央 国务院关于完整准确全面贯彻新发展理念做好碳达峰碳中和工作的意见》提出，我国要加强甲烷等的管控。当月，中国向公约秘书处提交的《中国落实国家自主贡献成效和新目标新举措》表明要有效控制煤炭、油气开采的甲烷排放。2022 年 1 月，国家发展改革委、国家能源局发布《"十四五"现代能源体系规划》，指出要加大油气田甲烷的采收利用力度。2021 年 11 月，中国和美国在《公约》第二十六次缔约方会议（COP26）期间发布的《中美关于在 21 世纪 20 年代强化气候行动的格拉斯哥联合宣言》提到，"两国特别认识到，甲烷排放对于升温的显著影响，认为加大行动控制和减少甲烷排放是 21 世纪 20 年代的必要事项"。

财政是国家治理的基础和重要支柱，财税政策在推动碳减排、实现"双碳"目标方面可以发挥重要作用。2023 年 12 月，中央经济工作会议提出，"要谋划新一轮财税体制改革"；2024 年的《政府工作报告》再一次就"要谋划新一轮财税体制改革"作出战略部署。既然是"新一轮财税体制改革"，必然与之前进行的改革有很大不同。自 2018 年以来，中国一直实行大规模减税降费，促进了经济发展，但降低了税收收入占 GDP 的比重，影响财政的可持续性。新一轮财税体制改革不会再沿着减税降费的路径进行，而是致力于推动经济实现质的有效提升和量的合理增长。我国改革碳定价，需将其放在新一轮财税体制改革框架之中。

在 2024 年 7 月 15 日召开的中国共产党第二十届中央委员会第三次全体会议上，税收再次被赋予促进绿色低碳发展的重任。全会审议通过的《中共中央关于进一步全面深化改革、推进中国式现代化的决定》（以下简称《决定》）中，部署了未来税收改革的内容。《决定》第一部分"进一步全面深化改革、推进中国式现代化的重大意义和总体要求"，提出中国"进一步全面深化改革的总目标"之一为"聚焦建设美丽中国，加快经济社会发展全面绿色转型，健全生态环境治理体系，推进生态优先、节约集约、绿色低碳发展，促进人与自然和谐共生"。为实现上述目标，必须进行税制改革。《决定》第五部分"健全宏观经济治理体系"的第 17 条较为集中地阐述了税制改革的内容，包括"健全有利于高质量发展、社会公平、市场统一的税收制度，优化税制结构"。《决定》第七部分"完善高水平对外开放体制机制"的第 25 条提到"强化贸易政策和财税、金融、产业政策协同，打造贸易强国制度支撑和政策支持体系，加快内外贸一体化改革，积极应对贸易数字化、绿色化趋势。推进通关、税务、外汇等监管创新，营造有利于新业态新模式发展的制度环境"；第 28 条提到"完善推进高质量共建'一带一路'机制。继续实施'一带一路'科技创新行动计划，加强绿色发展、数字经济、人工智能、能源、税收、金融、减灾等领域的多边合作平台建设"。《决定》第十二部分"深化生态文明体制改革"的第 49 条提到"健全绿色低碳发展机制。实施支持绿色低碳发展的财税、金融、投资、价格政策和标准体系，发展绿色低碳产业，健全绿色消费激励机制，促进绿色低碳循环发展经济体系建设。优化政府绿色采购政策，完善绿色税制"。《决定》为中国设立的改革目标和政策体系，对中国碳定价改革具有很好的指导作用。

二、中国碳定价现状与分析

（一）中国碳定价现状

中国现行碳定价只有 ETS 一种工具。2011 年 3 月 16 日，中国在《国民经济和社会发展第十二个五年规划纲要》中提出"逐步建立碳排放交易市场"。2013 年底，中国在深圳、北京、天津、上海、广东等地开展了碳市场试点，2014 年 4 月、6 月在湖北、重庆分别开展了碳市场试点，2016 年 12 月在福建开展了碳市场试点。2021 年 7 月 16 日，中国启动全国碳市场，为全球覆盖碳排放量最大的碳市场。

1. 全国碳市场

（1）简介。全国碳市场于 2021 年开始运行，现纳入重点排放单位的热电联产和其他行业的自备电厂共 2257 家。2021 年覆盖二氧化碳排放量约 51 亿吨，占全国二氧化碳排放的 40% 以上，成为全球覆盖温室气体排放量最大的市场。截至 2023 年底，全国碳排放配额累计成交量 4.42 亿吨，累计成交金额 249.19 亿元（生态环境部，2024）。2024 年 1 月，中国启动了全国温室气体自愿减排交易市场（CCER），与强制减排碳市场互为补充。

（2）限额。中国实行的是基于强度的碳市场，限额为所有单个受管控实体（我国称为"重点排放单位"）的总配额之和。2021 年度、2022 年度配额发放量分别为 50.96 亿吨、51.04 亿吨，经核查的实际排放量（应清缴配额量）分别为 50.94 亿吨、50.91 亿吨，盈余分别为 147 万吨、1298 万吨，占配额发放总量分别为 0.03%、0.25%，可见，第二个履约周期配额分配盈亏基本平衡，符合政策预期。

（3）配额分配。碳排放配额根据重点排放单位拥有的发电机组情况来定。2023 年度、2024 年度配额全部实行免费分配，采用基准法并结合机组层面豁免机制来核定机组应发放配额量。机组对应的年度配额发放量为燃煤与燃气机组的供电量与预先确定的碳排放强度基准值（如单位供电碳排放基准）的乘积。将重点排放单位拥有的所有机组对应的年度应发放配额量加总，并结合其豁免机制，计算得出重点排放单位年度配额量。

（4）覆盖范围。目前，全国碳市场仅覆盖电力部门。纳入碳市场的企业标准，2019—2020 年的标准是 2013—2019 年任何一年的年排放量为 26000 吨二氧化碳或以上的实体；2021—2022 年的标准是 2020—2021 年任何一年年排放为 26000 吨二氧化碳或以上的实体。

（5）成交价格。中国全国 ETS 引入的时间为 2021 年，交易规模逐步扩大，从总体看，交易价格是上升的。2022—2024 年中国试点地区和全国范围的 ETS 成交价格如表 3－1 所示。

表 3－1　　2013—2024 年中国试点地区和全国范围的碳市场成交价格

单位：美元/吨二氧化碳当量

年份	上海	深圳	北京	广东	天津	湖北	重庆	福建	全国
2013	—	4.63	—	—	—	—	—	—	—
2014	6.42	12.99	8.51	10.08	5.69	3.41	4.99	—	—
2015	4.73	5.98	8.21	5.48	4.20	4.18	3.9	—	—
2016	1.32	5.64	8.03	1.32	2.19	2.11	1.20	—	—
2017	4.57	5.36	7.39	1.88	1.23	1.78	0.22	5.18	—
2018	6.20	6.72	9.44	2.32	1.35	2.32	3.82	3.18	—
2019	6.09	0.55	10.40	2.92	2.07	4.12	0.55	1.51	—
2020	5.06	2.38	12.20	4.13	2.81	3.56	5.30	1.28	—
2021	6.31	1.12	4.32	5.71	3.80	4.41	3.71	1.24	—

续表

年份	上海	深圳	北京	广东	天津	湖北	重庆	福建	全国
2022	9.27	0.64	6.52	12.51	4.40	7.24	5.66	1.82	9.19
2023	8.72	8.76	12.95	12.34	4.60	6.96	4.65	4.65	8.10
2024	10.06	8.95	14.51	8.93	4.70	5.61	5.98	3.74	12.57

注："—"表示没有数据。

资料来源：State and Trends of Carbon Pricing Dashboard［EB/OL］.（2024 - 08 - 01）［2024 - 08 - 26］. https：//carbonpricingdashboard. worldbank. org/compliance/instrument - detail.

2. 深圳碳市场试点

（1）简介。深圳碳市场试点于2013年6月启动，是中国首个试点项目，覆盖了该市约50%的二氧化碳排放量。

（2）限额。《深圳市碳排放权交易管理办法》规定，市发展改革部门配合市生态环境主管部门拟定碳排放权交易的碳排放控制目标和年度配额总量，配额总量即为限额。配额由重点排放单位配额、新建项目储备配额与价格平抑储备配额构成，其中重点排放单位配额占比96%、新建项目储备配额与价格平抑储备配额各占2%。

（3）配额分配。配额绝大部分免费分配，小部分拍卖。

①免费分配。该试点根据基准强度法、祖父法分配配额，后者又分为历史产量强度法、历史增加值强度法、历史排放法三种方法。

②拍卖。2022年，《深圳市碳排放权交易试点暂行条例》规定，配额可以拍卖出售，也可以按固定价格出售。截至目前，该试点已经分别于2014年6月和2022年8月举行了两次拍卖。2022年的拍卖底价定为每吨29.64元，2014年拍卖底价为每吨35.43元，拍卖的目的是增加市场供应和价格稳定性。

（4）覆盖范围。深圳试点碳市场覆盖行业有水、气、热、制造业、电子设备、废物管理、港口、地铁、公交和其他非交通部门，2023年覆盖工业、建筑和交通领域737个实体的排放。

（5）成交价格。该试点成交价格如表 3 - 1 所示。

（6）市场稳定机制。该试点设有价格平抑储备配额，数量为年度配额总量的 2%，该比例可根据实际情况动态调整。当市场上配额的成交价格大幅下降或市场流动配额的数量过多时，市生态环境主管部门可以将有偿分配配额的一部分作为价格平抑储备配额；当市场上配额的价格大幅上涨或市场流动配额的数量过少时，市生态环境主管部门可以释放价格平抑储备配额。价格平抑储备配额采用拍卖的方式出售，该配额只能由重点排放单位购买用于履约，不能用于市场交易。

3. 上海碳市场试点

（1）简介。上海碳市场试点于 2013 年 11 月启动，是中国第二个试点。它覆盖了该市约 36% 的二氧化碳排放量，2023 年共覆盖 378 家企业。

（2）限额。该市每年发布文件明确年度配额，2023 年的配额为 1.05 亿吨。

（3）配额分配。该试点根据工业企业含碳能源（煤、油）的使用情况，设定不同的配额免费分配比例（93%—99%），以优化能源使用结构。

①免费分配。依据两种方法进行分配：一是行业基线法，二是祖父法，后者又分为历史强度法与历史排放法。

②拍卖。拍卖的主要目的是为受管控实体提供额外的配额供应，以满足其合规需求。2014 年、2016 年、2018 年和 2019 年每年举行一次拍卖；以后的年份，每年举行两次拍卖。该试点已经累计组织拍卖 13 次，共拍卖配额约 922 万吨。从发展趋势看，该试点逐步扩大了行业基准线法、历史强度法等基于效率方法的适用范围，目前超过 7 成的企业适用该类分配方法。

（4）覆盖范围。上海试点碳市场覆盖钢铁、石化、化工、汽车、航运、水运等 28 个行业，每年公布被纳入试点的企业名单。

（5）成交价格。该试点成交价格如表 3 - 1 所示。

4. 北京碳市场试点

（1）简介。北京碳市场试点于 2013 年 11 月启动，覆盖的碳排放总量占全市一半以上，覆盖的温室气体为二氧化碳。与其他试点相比，北京试点的碳价格水平相对较高。

（2）限额。主管机构根据北京市碳排放总量和强度控制目标，核算年度配额总量，对本市行政区域内重点碳排放单位的二氧化碳排放实行配额管理。

（3）配额分配。该试点采用免费、拍卖等方式发放配额。第一，免费分配包括祖父法与基准测试法。第二，拍卖。北京可以定期拍卖和非定期拍卖 5% 的配额。年度配额分配采用预分配法，之后进行事后调整，以反映相应履约年度的实际产量。

（4）覆盖范围。北京市行政区域内年综合能源消费量 2000 吨标准煤（含）以上，且在北京市注册登记的企业、事业单位、国家机关等，需要参与碳市场。2023 年，纳入北京市碳排放权交易管理的重点碳排放单位882 家。

（5）成交价格。该试点成交价格如表 3 - 1 所示。

（6）市场稳定机制。北京市生态环境部门每年确定不超过年度配额总量的 5% 作为调整量，用于配额调整、有偿发放和市场调节等。

5. 重庆碳市场试点

（1）简介。重庆于 2014 年 6 月启动碳市场试点，覆盖的温室气体包括二氧化碳、甲烷、一氧化二氮、氢氟碳化物、全氟化碳、六氟化硫和三氟化氮。

（2）限额。2021 年以前，该试点的限额为绝对值，每年以预定的速度降低。2021 年，该试点改为实行基于强度的限额，总排放限额是所有重点排放单位自下而上的限额之和。限额由重点排放单位分配配额和政府预留配额构成。

（3）配额分配。配额大部分免费分配，小部分拍卖。

①免费分配。市生态环境局根据重点排放单位的行业特点和数据等有关情况，采用等量法、行业基准线法、历史强度下降法或历史总量下降法等方法核定企业配额。重点排放单位年度配额为各生产线或工序的配额之和，不同生产线或工序可采用不同的配额分配方法。

②拍卖。2021年开始，该试点拍卖一小部分限额，为合规实体提供额外的配额供应以满足其合规需求。该试点分别在2021年11月、12月和2022年2月举行了三场拍卖会。

（4）覆盖范围。重庆实行重点排放单位名录管理。2023年，覆盖电解铝、铁合金、电石、水泥、烧碱、钢铁等工业领域的334家企业。

（5）成交价格。该试点成交价格如表3-1所示。

（6）市场稳定机制。该试点从总排放限值中预留5%的配额，作为稳定市场价格之用。

6. 福建碳市场试点

（1）简介。福建于2016年12月启动碳市场，覆盖全省约一半的排放量，涉及电网、石化、化工、建材、钢铁、有色金属、造纸、航运、陶瓷9个行业的近300个实体，覆盖的温室气体为二氧化碳。与其他试点由国家发展和改革委员会授权、收入归地方财政不同，福建碳市场由国务院授权，收入归中央财政。

（2）限额。配额总量由既有项目配额、新增项目配额和市场调节配额三部分构成，2022年为1.16亿吨二氧化碳。

（3）配额分配。配额大部分免费分配，小部分拍卖。第一，免费分配分为两种方法：一是基准线法，二是祖父法（该试点称为"历史强度法"）。年度配额分配先采用预分配方式，然后对分配进行事后调整，以反映相应履约年度的实际产量。第二，拍卖。主管部门认为适当时拍卖配额，该省预留不超过总限额的10%用于市场干预。

（4）覆盖范围。纳入试点碳市场的行业范围为电力、钢铁、化工、石化、有色、民航、建材、造纸、陶瓷九大行业，2019—2022 年纳入试点的企业标准是任意一年综合能源消费总量超过 5000 吨标准煤的企业法人单位或独立核算单位。

（5）成交价格。该试点成交价格如表 3 - 1 所示。

（6）市场稳定机制。该省设有市场调节配额，数量为既有项目配额与新增项目配额之和的 5%，用于市场灵活调节。

7. 广东碳市场试点

（1）简介。广东碳市场试点于 2013 年 12 月启动，覆盖了该省约 40% 的排放量。试点分为三个阶段：第一阶段：2013—2015 年；第二阶段：2016—2020 年；第三阶段：2021 年至今。

（2）限额。2023 年的配额总量为 2.97 亿吨，其中，控排企业配额 2.83 亿吨，储备配额 0.14 亿吨，储备配额包括新建项目企业有偿配额和市场调节配额。

（3）配额分配。配额大部分免费发放，小部分有偿发放，其中，钢铁、水泥、石化、造纸行业的管控实体（该省称为"控排企业"），免费配额的比例为 96%；民航领域的控排企业，免费配额的比例为 100%；陶瓷（建筑、卫生）、交通（港口）、数据中心的控排企业和自愿纳入的企业，免费配额的比例为 97%；新建项目企业，免费配额的比例为 94%。第一，免费配额有两种方法，一是基准线法，二是祖父法，后者又分为历史强度法、历史排放法两种方法。第二，拍卖。有偿发放的配额采用拍卖的形式进行，自 2017 以来举行了临时拍卖。

（4）覆盖范围。2023 年度纳入碳市场试点的行业分别是水泥、钢铁、陶瓷（建筑、卫生）、造纸、民航、石化、交通（港口）和数据中心，共 8 个行业。被纳入 ETS 试点的企业的标准是：

①本省行政区域内（深圳市除外，下同）数据中心行业年排放超过 10000 吨二氧化碳（或运行机架数达到 1000 标准机架）的企业，以及其他 7 个行业中年排放超过 10000 吨二氧化碳（或年综合能源消费量为 5000 吨

标准煤）的企业，共 391 家。

②本省行政区域内水泥、钢铁、造纸等已列入国家和省相关规划，并在 2022—2024 年建成投产且预计年排放超过 10000 吨二氧化碳（或年综合能源消费量 5000 吨标准煤）的新建（含扩建、改建）项目企业，共26 家。

（5）成交价格。该试点成交价格如表 3 – 1 所示。

（6）市场稳定机制。该试点将配额的 5% 作为政府储备金，用于新进入碳市场的企业，以及用于稳定市场。

8. 湖北碳市场试点

（1）简介。湖北省碳市场试点于 2014 年 4 月启动，覆盖了全省约50% 的排放量。2021 年 7 月，全国碳市场正式启动，全国碳排放权注册登记机构设在武汉。该试点覆盖的温室气体包括二氧化碳、甲烷、一氧化二氮、氢氟碳化物、全氟化碳、六氟化硫和三氟化氮。2022 年，该试点确定钢铁、化工、水泥等 16 个行业共 343 家企业纳入碳市场。

（2）限额。碳排放配额限额包括年度碳排放初始配额、新增预留碳排放配额和政府预留碳排放配额三部分。其中，年度碳排放初始配额主要用于重点排放单位既有边界排放；新增预留碳排放配额主要用于新增产能和产量变化；政府预留碳排放配额主要用于市场调控和价格发现，一般不超过碳排放配额总量的 10% 。2022 年，该试点碳排放配额总量为 1.8 亿吨。

（3）配额分配。大部分配额免费分配，小部分拍卖。第一，免费分配分为两种方法，一是基准测试法（该省称之为"标杆法"）；二是祖父法，祖父法又分为历史强度法、历史法两种。第二，拍卖。在履约期适时组织政府预留配额拍卖工作。

（4）覆盖行业。该试点设定了一个适用于所有工业部门的标准，2023年为年温室气体排放达到 1.3 万吨二氧化碳当量的工业企业。工业企业的纳入标准根据温室气体排放控制目标和相关行业温室气体排放情况等适时调整。

（5）成交价格。该试点成交价格如表 3 - 1 所示。

（6）市场稳定机制。该试点将限额的 6% 作为政府储备金，以稳定市场。在市场波动、严重供需失衡或存在流动性问题的情况下，如配额价格在 20 天内 6 次达到低点或高点，湖北省环保局与政府机构和其他利益相关者组成的咨询委员会协商，决定购买或出售配额，以稳定市场。

9. 天津碳市场试点

（1）简介。天津于 2013 年 12 月启动了碳市场试点，覆盖该市约 50% 的排放量，该市场仅覆盖二氧化碳一种温室气体。2023 年，共 154 家温室气体重点排放企业被纳入碳市场。

（2）限额。配额包括纳入企业配额和政府储备配额两部分，2023 年碳排放配额总量为 0.74 亿吨。

（3）配额分配。大部分配额免费发放，小部分拍卖。第一，免费配额依据祖父法进行分配，具体分为历史强度法、历史排放法两种方法。第二，拍卖。拍卖的目的主要是为合规实体提供额外的供应，以满足其合规需求。到目前为止，已经分别于 2020 年和 2021 年进行了两次拍卖。

（4）覆盖范围。该试点覆盖钢铁、石化、采矿、农业和食品加工、化工、油气勘探、造纸、航运、建材、食品饮料、有色金属、机械设备制造、医药制造、电子设备制造年碳排放量 2 万吨以上的企业，2023 年覆盖了 154 个单位的排放。

（5）成交价格。该试点成交价格如表 3 - 1 所示。

（二）中国碳定价不断完善

1. 全国碳市场不断完善

（1）法治化程度不断提升。2024 年 1 月 25 日，中国公布《碳排放权交易管理暂行条例》（以下简称《条例》），自 2024 年 5 月 1 日起施行。

《条例》是中国应对气候变化领域的首部专项法规，与其他部门规章、规范性文件和技术规范等共同构成全国 ETS 政策法规的基础框架。

（2）全国温室气体自愿减排交易市场（CCER）开始运行。2024 年 1 月，中国正式启动 CCER。CCER 为自愿碳市场，是继中国推出全国 ETS 后推出的又一推动实现"双碳"目标的政策工具。作为强制碳市场，ETS 对重点排放单位排放行为进行严格管控；作为自愿碳市场，CCER 鼓励全社会广泛参与。两个碳市场独立运行，并通过配额清缴抵销机制相互衔接，共同构成全国碳市场体系。

2. 地方碳市场试点不断完善

（1）不断扩大扩大碳市场的覆盖范围。2023 年 6 月，重庆市生态环境局发布《关于调整重庆碳市场纳入标准的公告》，提出自 2021 年起改变试点碳市场覆盖的工业企业的标准，由原来的 2008—2012 年任一年度碳排放量超过 2 万吨二氧化碳当量，改变为年度温室气体排放量超过 1.3 万吨二氧化碳当量，被覆盖的企业数量增多。2024 年 1 月，《湖北省碳排放权交易管理暂行办法》规定，逐步将非工业企业纳入试点碳市场。参与主体的增加，有利于提高碳市场的活跃度。

（2）积极促进碳市场与绿电市场的衔接。2023 年 3 月，天津市生态环境局发布《关于做好天津市 2022 年度碳排放报告核查与履约等工作的通知》，提出"各重点排放单位在核算净购入使用电量时，可申请扣除购入电网中绿色电力电量"。2023 年 6 月，上海市生态环境局发布《关于调整本市碳交易企业外购电力中绿色电力碳排放核算方法的通知》，将外购绿电排放因子调整为 0。2023 年 4 月，北京市生态环境局发布《关于做好 2023 年本市碳排放单位管理和碳排放权交易试点工作的通知》，提出"重点碳排放单位通过市场化手段购买使用的绿电碳排放量核算为零"。上述规定有利于提高受管控实体购买绿电的积极性，有利于实现碳市场与绿电交易市场的衔接。

（3）下调手续费。2023 年 4 月和 2023 年 5 月，福建和湖北分别下调

特定碳交易的手续费，此举大大降低了交易成本，提高了碳市场的流动性
与交易活跃度，提升了市场吸引力，有利于推动碳市场的健康发展。

（4）探索不同的配额分配方式。地方试点碳市场采取"有偿＋免费"
的模式，针对不同行业采用基准线法、历史强度法等基于效率方法的方法
分配配额，碳价有所提升。

3. 碳减排效果不断显现

碳市场实施以来，交易规模逐步扩大，交易价格稳中有升，其中，
2024 年 4 月 24 日，全国碳市场收盘价首次突破每吨百元。另外，通过灵
活履约机制为 202 家受困重点管控单位纾解了履约困难（生态环境部，
2024）。2013—2022 年，中国碳排放量从 99.56 亿吨增加到 113.98 亿吨，
增长 14.47%。而在 ETS 实施之前的 10 年间（2003—2012 年），我国碳排
放量由 48.41 亿吨增加到 97.79 亿万吨，增长 102.01%。可见，较实行
ETS 前的 10 年相比，实行 ETS 的 10 年后，我国碳排放量增长速度显著
下降。

（三）中国积极参与全球气候治理

中国秉持人类命运共同体的理念，坚持多边主义、坚持共同但有区别
的责任和各自能力原则，践行共商、共建、共享的全球治理观，从一开始
的参与全球气候治理，到积极贡献全球气候治理的理念、在谈判的关键环
节发挥关键作用、积极推动气候治理南南合作、加大对外气候援助，在全
球气候治理中的地位逐步提升。例如，在 2015 年巴黎气候变化大会前，中
国与欧盟以及英国、法国、德国等达成并发布了双边联合声明，对最终达
成《巴黎协定》起到了重要的作用。中国第一批签署《巴黎协定》，在
2016 年 9 月二十国集团（G20）杭州峰会上交存《巴黎协定》批准书，为
《巴黎协定》的签署和生效发挥重要引领作用。中国参与全球气候治理所
做的工作如下。

1. 积极签订国际协定

全球合作进行气候治理以来，世界各国已经签署了三项国际协定，分别是 1992 年的《联合国气候变化公约》、1997 年的《京都议定书》和 2015 年的《巴黎协定》。其中，《公约》是最基础的协定，后两个协定依照《公约》确立基本规则，按照不同阶段的时间表和目标，规定了缔约方的法律义务。

（1）《公约》。20 世纪 80 年代以来，世界各国逐渐认识并日益重视气候变化问题。为应对气候变化，1992 年 5 月 9 日通过了《公约》，1994 年 3 月 21 日生效，198 个国家批准了《公约》，这些国家成为《公约》缔约方。《公约》的最终目标是将温室气体浓度稳定在"防止气候系统受到危险的人为干扰的水平"上，"这一水平应当在足以使生态系统能够自然地适应气候变化、确保粮食生产免受威胁并使经济发展能够可持续地进行的时间范围内实现"。1992 年 11 月 7 日，全国人大批准《公约》，我国于 1993 年 1 月 5 日将批准书交存联合国秘书长处，《公约》自 1994 年 3 月 21 日起对我国生效。

（2）《京都议定书》及《〈京都议定书〉多哈修正案》（以下简称《多哈修正案》）。为推动《公约》的实施，1997 年 12 月 11 日，《公约》第三次缔约方会议（COP3）通过《京都议定书》，由于批准程序复杂，自 2005 年 2 月 16 日才生效。《京都议定书》在附件 B 中为工业化国家、转型经济体和欧盟设定了具有约束力的减排目标，以达到限制与减少温室气体排放、落实《公约》的目的。《京都议定书》规定，各国必须主要通过国家措施来实现其目标。《京都议定书》奠定了排放交易（emissions trading, ET）的法律基础，驱动了国家或区域内部碳交易机制如 EU ETS 的兴起和发展。中国于 1998 年 5 月 29 日签署并于 2002 年 8 月 30 日核准了《京都议定书》，该议定书自 2005 年 2 月 16 日起对中国生效。2012 年 2 月 8 日，多哈会议通过了《多哈修正案》。截至 2020 年 10 月 28 日，共 147 个缔约方交存了批准文书，达到了《多哈修正案》生效所需的 144 份批准文书的门槛，该修正案于 2020 年 12 月 31 日生效（UN，2024）。2014 年 6 月 2 日，中国向联合国秘书长交存了中国政府接受《多哈修正案》的接受书。2020 年 10 月 28 日，共 147 个缔约方接受多哈修正案，满足生效条件，《多哈修正案》于 2020 年 12 月 31 日生效。

（3）《巴黎协定》。2015 年 11 月 30 日至 12 月 12 日，在《公约》第二十一次缔约方会议（COP21）上各方达成了《巴黎协定》，对 2020 年以后应对气候变化的国际机制作出了安排，标志着全球气候治理进入了新的阶段。2016 年 11 月 4 日，《巴黎协定》正式生效。《巴黎协定》是历史上首个具有约束力的协定，是全球气候治理的一个里程碑。中国于 2016 年 4 月 22 日签署《巴黎协定》，并于 2016 年 9 月 3 日批准该协定。2016 年 11 月 4 日，《巴黎协定》正式生效。

（4）其他。中国积极参加二十国集团、国际民航组织、国际海事组织、金砖国家会议等框架下与气候议题相关的磋商谈判，推动多边进程的不断深入。另外，2021 年，中国与 28 个国家共同发起了"一带一路"绿色发展伙伴关系倡议，呼吁各国应根据公平、共同但有区别的责任与各自能力原则，结合各自自身国情采取气候行动以应对气候变化。

2. 通过 WTO 发出中国的声音

我国积极利用 WTO 发出声音与表达立场，意在推动公平、公正地实现碳减排。例如，2024 年 6 月 3 日，应我国代表团的要求，WTO 技术贸易壁垒委员会散发了《在脱碳中的作用专题简报》，该简报探讨《技术性贸易壁垒协定》在构建国际脱碳标准方面能够发挥的作用，强调加强全球合作来解决脱碳问题的重要性，并介绍了中国就该问题提出的提案。中国的提案指出，当前越来越多的 WTO 成员实行了设定排放限值、提出能效要求等措施。需要注意的是，这些措施虽然从内容看大体相似，但还是存在一些差异，如不进行协调将增加不必要的贸易成本。更需要注意的是，这些措施如不符合 WTO 规则或其他国际框架下的承诺，则有可能构成低碳或绿色壁垒，影响国际贸易的发展。为此，中国建议委员会举行专题会议，探讨《技术性贸易壁垒协定》在脱碳中能够发挥的作用，重新审视协定中与脱碳交叉的工具，并指导成员减少技术性贸易壁垒。同时，成员还可以分享其脱碳的良好监管实践，以及确定技术贸易壁垒委员会进一步讨论的共同感兴趣的话题。

3. 积极推动与特定国家集团的合作

（1）积极推动"南南合作"。"南南合作"的目标之一是帮助发展中国家有效减轻和适应气候破坏，共同应对发展挑战。作为负责任的发展中大国，中国除了努力做好本国的气候治理工作，还应与其他发展中国家合作建设低碳示范区、实施减缓与适应气候变化项目、开展能力建设培训项目等。通过上述方式，帮助其他发展中国家提高气候治理能力。截至2023年底，中国已经与埃塞俄比亚等41个发展中国家签署了50份气候变化"南南合作"谅解备忘录，与塞舌尔、老挝、柬埔寨、巴布亚新几内亚合作建设了4个低碳示范区，为120多个发展中国家培训了2400多名气候变化领域的官员与技术人员。同时，中国还指导和要求"走出去"企业在境外充分考虑投资所在地碳减排和适应气候变化等方面的要求，帮助东道国提升应对气候变化的能力。

（2）积极推动基础四国的合作。基础四国包括中国、巴西、南非、印度，基础四国机制自2009年成立以来，坚持积极推动落实《公约》和《京都议定书》，推进《巴黎协定》及其实施细则的谈判，在全球气候治理中发挥了重要作用。2023年9月20日发布的《基础四国气候变化部长级会议联合声明》指出，为了打破气候行动的惰性，部长们同意通过增强"基础四国"的领导力，为《公约》第二十八次会议（COP28）到第三十次缔约方会议（COP30）以及之后的基础四国合作提出新的愿景，如加强在国际气候变化议程上的协调等。

（3）加强与77国集团的联系。在1991年召开的联合国环境与发展大会筹备会上，中国与77国集团首次以"77国集团和中国"的方式共同提出立场文件。在《公约》谈判之初，"77国集团和中国"就代表发展中国家参与谈判，为推动全球气候治理进程发挥了非常重要的作用，成为全球气候治理中代表"全球南方"的重要政治力量。

　　4. 积极开展与特定国家或区域的合作

　　（1）中美合作。2013 年 4 月，中美发布《中美气候变化联合声明》，这是两国合作发布的与气候有关的第一个声明。2021 年 4 月，中美发布《中美应对气候危机联合声明》，这成为两国相互合作应对气候危机的重要标志性节点。同年 11 月，中美发布《中美关于在 21 世纪 20 年代强化气候行动的格拉斯哥联合宣言》，提出进一步加强双方在气候领域的合作。2023 年 11 月，双方共同发布《关于加强合作应对气候危机的阳光之乡声明》，提出了更明确、更务实的气候合作计划与目标。

　　（2）中非合作。2021 年 11 月，中非合作论坛第八届部长级会议通过《中非应对气候变化合作宣言》，这是中非首次就气候变化发表宣言，凸显了双方未来进一步深化气候治理合作的决心。

　　（3）中欧合作。2005 年 6 月，中欧发表《气候变化联合宣言》，这意味着中欧正式建立起气候变化伙伴关系。2014 年，中欧达成了第一个碳交易合作项目，欧盟与中国当时的 7 个碳市场试点城市分享其碳排放权交易经验，为中国建立国家级的碳市场提供支持。2016 年，中欧达成了第二个碳排放权交易合作项目，并建立了中欧碳排放交易的定期对话机制。在 2018 年中欧峰会上，中欧签署了加强碳排放交易合作的谅解备忘录。

（四）　中国积极应对欧盟碳边境调节机制

　　欧盟于 2021 年 7 月提出实施碳边境调节机制（carbon border adjustment mechanism，CBAM），对进口的碳含量高的产品征收碳排放关税。2023 年 4 月 18 日和 25 日，欧洲议会、欧盟理事会先后投票通过 CBAM 相关规则，完成了立法程序，欧盟成为全球首个正式征收碳关税的经济体。2023 年 5 月 16 日，CBAM 法规文案被正式发布在《欧盟官方公报》上，这标志着欧盟 CBAM 成为正式法律。欧盟 CBAM 的过渡期为 2023 年 10 月 1 日—2025 年 12 月 31 日，欧盟碳排放关税将于 2026 年 1 月 1 日起正式开征，2034 年全面实施。

1. 碳边境调节机制的主要内容及实质

（1）欧盟 CBAM 的主要内容。

①适用范围。欧盟 CBAM 适用于钢铁、铝、化肥、水泥、电力、氢六大类产品，不同产品碳含量的计算边界不同。其中，对钢铁、铝和氢只需计算直接碳排放量，对水泥、化肥和电力须计算直接碳排放量和间接碳排放量。欧盟委员会将在过渡期结束之前就 CBAM 的适用范围进行衡量评估，在评估后很可能将有机化学品、聚合物等纳入适用范围，并在 2030 年将欧盟 ETS 覆盖的其他产品纳入适用范围。应受 CBAM 约束的温室气体包括二氧化碳、一氧化二氮和全氟化碳，不同产品的被覆盖的温室气体不同，如电力、水泥为二氧化碳，铝为二氧化碳和全氟化碳。

②扣除项目。为避免双重征税，欧盟允许企业在计算碳排放关税时进行两种扣除：一是在原产国已缴纳的碳税或根据 ETS 支付的碳成本，二是欧盟同类产品在 EU ETS 下享受的免费配额。在欧盟 CBAM 过渡期内，覆盖产品将获得 100% 的免费配额，自 2026 年起，EU ETS 与 CBAM 将同步、逐年按比例削减免费配额，直至完全取消。

（2）欧盟 CBAM 的实质。客观上讲，CBAM 能够在一定程度上起到欧盟官方公报中提到的应对碳泄漏、维护欧盟气候政策有效性的作用。但除此之外，欧盟推出 CBAM，还有更深层次的考虑。

①提升欧盟在全球气候治理中的领导力。在过去的 30 多年里，欧盟通过外交与谈判、以身示范和对外援助等方式积极参与全球气候治理，推动了《巴黎协定》的签署，促成了《京都议定书》的生效，成为全球气候治理的领导者之一。但 2009 年在丹麦首都哥本哈根举行的世界气候大会上，欧盟因提出激进的气候政策主张受到孤立（康晓，2019；冯存万等，2015；寇静娜等，2021）。此后，欧盟开始寻求一种整体较为均衡的政策，

在《巴黎协定》谈判中发挥了重要作用，巩固了其在全球气候治理中的领导者地位。然而，《巴黎协定》通过后，全球气候治理陷入困境。尽管各国持续就如何落实协定问题进行谈判，但并未取得实质性成果，欧盟的领导力未能延续此前的表现，呈现逐渐衰退的态势（寇静娜等，2021）。为此，欧盟开始尝试运用经贸手段提升自身在气候治理中的领导能力（张蓓，2023），CBAM 即为其所采取的具体措施之一。欧盟在解释推出该机制的原因时指出，欧盟境内的温室气体排放量虽然已显著减少，但进口商品中的隐含温室气体却在不断增加，削弱了欧盟减少全球温室气体排放的努力，欧盟有责任在全球气候行动中继续发挥领导作用（EU，2023）。可以预计，为了在计算应缴碳排放关税时能够顺利获得扣除，更多的国家或地区可能学习借鉴欧盟的碳排放监测、报告与核查制度。在此情况下，欧盟在全球的碳定价主导能力得到加强，在全球气候治理中的领导力得到提升。

②提升本土区域的竞争力。前已述及，碳定价包括显性碳定价与隐性碳定价。显性碳定价为提供明确的价格信号以减少温室气体排放的政策，包括 ETS 与碳税；隐性碳定价为未提供明确的价格信号但能够在一定程度上降低碳排放的政策，如（燃料）消费税。此外，很多国家运用命令控制型手段如限制燃油车牌照的发放、限制建设非绿色建筑项目等实现碳减排目标。然而，欧盟 CBAM 只认可在原产国已缴纳的碳税或在 ETS 制度下支付的碳成本作为进口商品在原产国承担的碳成本进行扣除，这意味着欧盟既不承认隐性碳定价在碳减排中的作用，也没有考虑命令控制型手段在碳减排中的作用，因而无法反映一国在碳减排方面的全部努力。目前，全球有 36 个地区、国家和地方政府在实行 ETS，有 39 个国家和地方政府在征收碳税，还有大量国家或地区没有实施显性碳定价。一方面，欧盟 CBAM 推出之前，其成员国碳价水平较高，导致其产品的生产成本相对较高，在与未实行碳定价（或碳价水平较低）的国家或地区的产品竞争中处于不利地位。CBAM 提高了碳排放政策宽松国家产品的成本，有利于提升欧盟本土产品的竞争力，增加企业利润率。另一方面，国际能源署（IEA）认为，

到 2030 年，全球碳减排大多依靠目前已有的技术，但到 2050 年，近一半的碳减排将依靠目前处于演示或原型阶段的技术。在低碳技术的创新方面，欧盟一直处于领先水平。欧盟 CBAM 引导本地企业进行低碳技术投资，让企业有更多的资金用于低碳技术的开发与创新。这有利于欧盟继续保持这种领先地位，在低碳技术竞争中获取先发利益（EU，2024）。

2. 碳边境调节机制对中国的影响

中国与欧盟贸易关系密切。2022 年，中国对欧盟进出口达 5.65 万亿元，较上一年增长 5.6%。从 CBAM 的产品覆盖范围看，中国出口到欧盟的钢铁和铝数额较大（见表 3-2），企业相应受到的影响也较大，下面以出口金额最大的钢铁为例进行分析。

表 3-2 　　2018—2022 年中国出口欧盟 CBAM 覆盖产品的金额　　单位：万美元

产品 ＼ 年份	2018	2019	2020	2021	2022
钢铁	798626.31	755445.03	644372.08	1061714.59	1312370.53
铝	307042.47	294657.24	268606.96	347810.40	466771.25
化肥	6479.48	5615.62	5911.94	3300.83	31429.70
水泥	795.78	630.21	523.83	669.62	641.62

注：中国对欧盟出口氢的数量很少，本文未计算其数额；中国不对欧盟出口电力，表中未列入该产品。

资料来源：根据中华人民共和国海关总署官网（customs. gov. cn）公布数据整理。

（1）短期影响。根据制钢流程，钢铁可分为生铁、粗钢和钢材三大类。以粗钢为例，目前中国使用长流程工艺（转炉）、短流程工艺（电炉）生产的粗钢比例分别为 89.4%、10.6%（Worldsteel Association，2022），前者的平均碳排放强度为 2.1 吨二氧化碳当量，后者为 0.61 吨二氧化碳当量（REN，L. 等，2021）。欧盟使用长流程工艺（转炉）、短流程工艺（电炉）生产的粗钢比例分别为 56.4%、43.6%（Worldsteel Association，

2022），前者的平均碳排放强度为1.9吨二氧化碳当量，后者为0.4吨二氧化碳当量（Material Economics，2019）。可见，中国使用长流程工艺生产粗钢的比例远高于欧盟，而且无论哪种工艺生产的粗钢，其平均碳排放强度均远高于欧盟。需注意的是，计算碳排放关税时，允许扣除的不是欧盟同类产品的平均碳排放强度，而是欧盟同类产品在欧盟碳市场下适用的免费配额。免费配额根据基准法确定，为欧盟和欧洲经济区—欧洲自由贸易联盟成员国前10%性能最佳的特定产品生产设施的平均碳排放强度（EC，2023），其数值低于欧盟平均碳排放强度。中国粗钢的平均碳排放强度高于欧盟平均碳排放强度，更高于欧盟的免费配额。因此，在欧盟CBAM实施之后，我国企业出口到欧盟的粗钢必须按规定缴纳碳排放关税，这将导致出口成本增加，产品竞争力降低。

（2）中长期影响。即使未来中国的碳定价制度保持不变，且CBAM覆盖的六大类产品的生产技术保持不变，CBAM对中国出口的影响也将会更加显著。第一，未来CBAM有可能覆盖特定产品的间接碳排放。CBAM覆盖的六大类产品中，铝的间接碳排放占总碳排放的比重高达75%—90%，其平均间接碳排放强度为20吨二氧化碳当量，远高于欧盟的6.8吨二氧化碳当量。如果未来欧盟对间接碳排放征税，其须缴纳的税额会超过直接碳排放需缴纳的税额。如果未来CBAM将铝的间接碳排放纳入适用范围，铝出口需负担的碳排放关税会大大增加。第二，未来CBAM覆盖范围有可能扩大。中国出口欧盟的优势产品主要为机械器具、车辆等钢铁和铝的下游产品，若CBAM的范围扩大至这些产品，中国受CBAM的影响将会更大。第三，未来欧盟ETS的价格有可能上涨。从历史趋势看，尽管欧盟ETS价格有波动，但整体呈现上升趋势，从2005年的19.04美元/吨二氧化碳当量提高至2023年的96.29美元/吨二氧化碳当量。为了实现2050年碳中和的目标，欧盟推出多项措施，包括在未来不断缩减ETS免费配额比例等。可以预计，未来欧盟ETS的价格还会进一步提高。相应地，中国出口产品须负担的碳排放关税会相应增加。第四，未来其他发达国家也会跟进。当前，CBAM已经正式实施。2023年12月18日，英国政府宣布将于2027年引入 CBAM。该机制适用于进口的碳排放密集型的工业产品,包括铝、水泥、陶瓷、化肥、玻璃、氢、钢铁(UK,2023)。如果未来其他发达国家也出台类似 CBAM 的边境碳调整(border carbon adjustment,BCA)措施,对中国的影响将会更大。另外,从中长期看,CBAM 还将对中国企业的境外投资产生进一步的影响。这是因为,大部分发展中国家的经济发展呈现高碳特征,随着全球气候治理的推进及 CBAM 的实施,这些国家的减排需求越来越强烈,而中国企业原本具有竞争优势的境外投资项目,如果碳排放水平较高,可能会不再有优势。

(3)延伸影响。削弱中国在全球气候治理领域的领导力与话语权。CBAM 不仅与国际贸易密切相关,还将深刻影响全球气候治理格局。随着欧盟 CBAM 的实施,其他国家也可能考虑实施类似措施,这可能对我国参与和引领全球气候治理造成不利影响。

3. 碳边境调节机制出台后中国的应对

(1)就 CBAM 向 WTO 提交议案。2023 年 3 月 15 日,中国向 WTO 贸易与环境委员会(CTE)提交《就特定环境措施的贸易方面和影响进行多边讨论的建议》(WTO,2023)。中国指出,各国越来越多地利用贸易政策达成环境目标,其中一些政策引发争议,如被诉诸 WTO 争端解决机制,或者在 WTO 相关例会和审议机制上被反复提及。旨在实现环境目标的贸易政策应当符合 WTO 基本原则和规则,避免成为保护主义措施和绿色贸易壁垒。国家间关于特定环境措施涉及的贸易方面与影响的看法存在分歧,因而需要交流。各国除了在自愿的基础上分享信息并交换一般立场,还有必要在 WTO 框架下,以 WTO 贸易与环境委员会为平台,在多边基础上进行讨论、辩论和审议,以增进对措施本身和成员具体关切的理解。作为多边讨论的一部分,实施该措施的成员可提交关于政策目标和实施方式的书面报告并向其他成员作介绍,受该措施影响的成员可以提交书面意见和建议(WTO,2023)。挪威、菲律宾、新加坡、印度、巴西等表示,中方提案具有建设性。2023 年 6 月,中国向 WTO 贸易与环境委员会提交

《就特定环境措施的贸易方面和影响进行多边讨论的进一步阐述》的提案。与3月的提案相比，该提案针对 CBAM 的内容更为具体。中国在提案中指出，CBAM 有待讨论的问题包括：一是如何确保 WTO 成员不会因其所处的发展阶段不同、国家自主贡献目标不同和减排路径不同而受到不当歧视；二是如何兼顾隐性碳价；三是如何在碳排放因子确定、认证与核查等方面更加开放和包容；四是是否向有需要的发展中国家提供能力建设与技术援助；五是处于不同发展阶段的成员如何平等有效地参与其后续的立法过程。总之，中国提交提案的目的在于，阐明欧盟为应对气候变化采取的单方面措施不应构成任意或不合理的歧视手段或对国际贸易的变相限制。2023年11月，在 WTO 贸易与环境委员会 2023 年度第三次会议上，中国在 2023 年 3 月和 6 月提案的基础上，提交了《关于碳边境调节机制有待多边讨论的政策问题》的提案。提案提议围绕 CBAM 的原理、制度设计、贸易影响、环境贡献、包容性与数据保护共六大专题开展专题讨论，聚焦碳排放默认值的确定、CBAM 的适用情形、是否符合世贸规则、资金用途、数据报告和互认等具体问题，鼓励成员提出更多的问题，并就如何解决这些问题作出贡献。

（2）充分利用 WTO 贸易政策审议的机会发言提出自己的观点。2023年6月6日—7日，WTO 对欧盟进行第15次贸易政策审议。中国代表在会上发言指出，CBAM 等事实上可能对进口产品特别是来自 WTO 发展中成员的产品造成歧视与市场准入限制，违反《公约》和《巴黎协定》的基本原则以及 WTO 规则。

（五）中国碳定价还存在一些问题

1. 尚未开征碳税从而不能实现与碳市场之间的配合

（1）中国二氧化碳排放量还在增加。随着经济的发展，中国二氧化碳排放量从 1990 年的 24.85 亿吨增长至 2022 年的 113.97 亿吨，增幅高达

358.64%。相应地，中国碳排放在全球碳排放总量中的占比从1990年的10.92%上升至2022年的30.68%。其中，2005年，中国超过美国成为世界上最大的碳排放国，当年中国碳排放量达约61.3亿吨，美国为58.8亿吨。2014年，中国二氧化碳排放量达100亿吨，而美国为53.3亿吨。到2022年，中国碳排放量约为113.4亿吨，美国为50.6亿吨，中国是美国的两倍多。1990—2022年中国二氧化碳排放量及在全球所占的比重如图3-1所示。

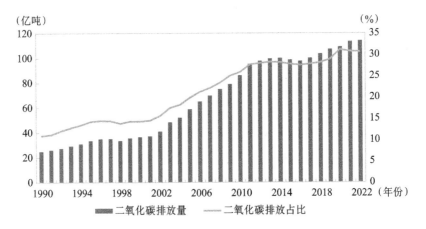

图3-1 1990—2022年中国二氧化碳排放量及在全球所占的比重

资料来源：Our World in Data. CO_2 and Greenhouse Gas Emissions [EB/OL]. (2024 - 08 - 01) [2024 - 08 - 20]. https: //ourworldindata. org/co$_2$ - and - greenhouse - gas - emissions.

（2）中国甲烷排放量逐年增加。甲烷为世界第二大温室气体，1990—2022年，中国甲烷排放量从10.44亿吨增至18.69亿吨，增幅高达79.01%，高于世界平均速度。与之相对应，1990年中国甲烷排放量占全球排放量的比重为13.18%，2022年这一比例上升至17.82%。具体分析显示，中国的甲烷排放量在2000年前相对稳定，但自2000年起显著上升，特别是2005年后增速加快。1990—2022年中国甲烷排放情况如图3-2所示。

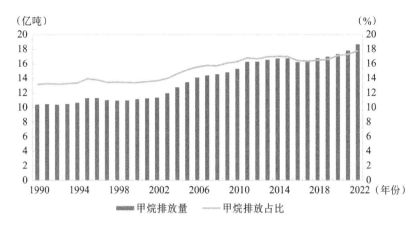

图 3 - 2　1990—2022 年中国甲烷排放量及在全球所占的比重

资料来源：Our World in Data. CO$_2$ and Greenhouse Gas Emissions［EB/OL］.（2024 - 08 - 01）［2024 - 08 - 20］. https：//ourworldindata. org/co$_2$ - and - greenhouse - gas - emissions.

（3）中国实现"双碳"目标的期限较短。根据承诺，中国从碳达峰到碳中和是 30 年的时间，相比之下，欧盟从碳达峰到碳中和为 71 年，美国为 43 年，日本为 37 年（中国—欧盟能源合作平台，2023）。中国碳减排任务繁重，仅依靠碳市场难以达到上述目标。

（4）中国是二氧化碳净出口国。其中，1990 年中国净出口二氧化碳为人均 1.6 亿吨，2021 年达到 10.2 亿吨。为了实现人类命运共同体、体现大国担当，中国也应快速实现碳减排。

由上可知，中国是温室气体排放大国，未来几十年中国的温室气体减排速度是全球能否成功将变暖控制在 1.5℃以内的重要因素。另外，温室气体与大气污染物的排放同根同源，气候变化与大气污染之间存在明确的相互作用关系，二者都对人民健康福祉等产生显著的负面影响。推进碳减排，有利于气候治理，也有利于推动减少污染物排放。目前，中国只有碳市场一种显性碳定价工具，适用于特定行业规模以上的企业，价格容易波动，仅依靠其难以实现"双碳"目标。

2. 基于强度的模式对非化石能源的燃料替代的激励有限

与欧盟和一些国家采用的限额与交易模式、事先确定碳排放总量不同，中国碳市场是一个基于强度、免费分配配额的碳市场，根据电站的类型设定了分燃料、分技术的排放强度基准，据此分配配额。碳排放强度高于基准的机组面临配额短缺，需要用被基准所覆盖且排放强度低于基准的机组所产生的配额盈余来平衡。未被基准覆盖的发电技术如可再生能源可以通过 CCER 参与当前的碳市场。该制度下，煤电或气电企业转向非化石能源发电虽然可以避免配额短缺，但用非化石能源发电无法获取配额，因而无助于解决碳市场中的配额短缺问题。因此，当前全国碳市场应主要激励电站提升能源效率，而不是引导其进行燃料转换。

3. 配额分配方法存在不足

首先，全国碳市场目前采用的是 100% 配额免费分配机制，不利于激发企业碳减排。其次，全国碳市场配额分配方案发布和配额发放日期滞后，降低了企业制定配额交易计划的长期预期。

4. 碳定价覆盖的温室气体范围较窄

首先，全国碳市场仅覆盖电力行业，而钢铁、建材、有色、石化、化工、造纸、航运等重点行业的碳排放量也非常大，尚未被覆盖在内。其次，全国碳市场覆盖的温室气体仅二氧化碳一项，除二氧化碳外，还有甲烷和氢氟碳化物等。上述行业范围与温室气体范围自实行以来没有发生变化，导致覆盖的温室气体范围较窄。其中，2024 年，深圳、上海、北京、广东、天津、湖北、重庆、福建碳市场试点覆盖的温室气体占当地温室气体排放的比重分别为 30%、36%、24%、40%、35%、27%、51%、51%，全国碳市场覆盖的温室气体占全国温室气体排放的比重为 31%，还有大量的温室气体没有被碳市场覆盖，影响碳定价效果的发挥。

5. 碳市场成交价格较低

中国碳市场覆盖范围较窄、配额分配采取 100% 免费分配等，这些因素影响了我国配额成交价格的提高，使其一直在 10 美元左右波动（见表 3-1），对企业成本的影响有限，决定了其能够发挥的减排效果有限。

第四章　全球气候治理目标与政策及碳定价发展

气候治理具有外溢性，每个国家都有强烈的动机做"免费搭车者"。如果不是全球共同行动，就会出现"公地悲剧"。为此，世界各国（地区）需要合作进行气候治理。目前，全球合作气候治理取得了一定的成果，逐渐形成了以《联合国气候变化公约》及其框架下的《京都议定书》和《巴黎协定》为核心，覆盖不同地区、国家和地方政府的全球多元多层治理体系和网络。上述协定明确了全球气候治理目标与政策，世界各国在其指导下推出了本国的碳定价体系，从全球看，实行碳定价的国家和地区呈现逐步增加的趋势，碳价收入不断增加，碳减排效应得到体现，公正转型的理念被越来越多的国家采纳，碳市场在越来越多的国家与地区间实现连接，越来越多的世界组织探索碳定价的核算方式以开展国家间的比较，关于碳定价协调的倡议与平台越来越多。同时，有一些地区和国家单边推出与气候治理有关的贸易措施，如欧盟已经单边推出碳边境调节机制（CBAM）、英国预备2027年实行CBAM，日本预备2028年开征碳关税。

一、全球气候治理目标与政策

（一）《联合国气候变化公约》

《公约》是世界上第一个全面控制二氧化碳等温室气体排放、应对全球气候变暖给人类经济和社会带来不利影响的国际公约，也是全球应对全球气候变化进行国际合作的一个基本框架。《公约》的重要机构为缔约方大会（COP）。《公约》所有缔约方都需要派代表出席缔约方大会，在大会上审查《公约》和缔约方会议通过的法律文书的执行情况，并作出必要的决定，以促进《公约》的有效执行。自1995年以来缔约方会议每年召开以评估气候变化的进展，目前已经召开了28次。这些会议取得了一些显著的成果，包括《京都议定书》与《巴黎协定》。

（二）《京都议定书》

《京都议定书》是《公约》的补充，目标是"将大气中的温室气体含量稳定在一个适当的水平，进而防止剧烈的气候改变对人类造成伤害"。为了使各国完成温室气体减排目标，《京都议定书》建立了三种旨在减少温室气体排放的灵活合作机制——国际排放贸易机制（international emissions trading，ET）、联合履约机制（joint implementation，JI）和清洁发展机制（clean development mechanism，CDM）。其中，ET、JI适用于发达国家之间，CDM适用于发达国家与发展中国家之间。上述三种机制秉承的设计理念是，减排地点并不重要，重要的是减排须从最具成本效益的地方如发展中国家开始。ET下，国家之间可以进行碳交易，实际减排量高于履约减排量的国家，可以将其超出的减排量售出；实际减排量低于履约减排量的国家，可以通过购买减排量来完成履约。JI下，减排成本高的国家，可以通过投资减排成本低的国家的项目获得减排单位，东道国获得减排技术或相应投资。CDM下，国家之间可以在低碳技术创新和绿色项目投资方面展开合作（UN，2024）。《京都议定书》使国家间碳市场上联系愈发紧密，为后续ETS的全球协同打下了良好的基础。同时，其中的相关理念也促成了地区或国家范围之内ETS的建设，如EU ETS就是受《京都议定书》启发建成的。

（三）《巴黎协定》

《巴黎协定》是历史上第一个覆盖近 200 个国家和地区的全球减排协定，标志着全球气候治理迈出了历史性的一步。《巴黎协定》要求成员国提交国家自主贡献，承诺近期的减排目标、审查进展情况，并寻求在常规的 5 年周期内扩大和加强其国家自主贡献。国家自主贡献体现了每个国家为减少温室气体排放和适应气候变化所作的努力，是《巴黎协定》的核心，也是实现一国长期气候目标的核心（UN，2024）。《巴黎协定》还特别呼吁所有国家"制定和传达其长期的低温室气体排放发展战略"（LTS），鼓励各国设定长期减排目标。

除了通过国家自主贡献和长期战略作出的减排承诺外，一些缔约方还制定了净零排放目标，其中有的国家将该目标写入法律，有的写入政策法规，有的作出承诺。世界经济论坛（WEF）认为，碳中和和净零都是应对气候变化所必需的行动，二者有所不同。其中，碳中和在企业运营层面有明确的规定，通常指二氧化碳排放，不包括其他温室气体；净零意味着一个企业减少整个供应链中所有温室气体排放。如果将企业替换为国家或地区，也是同样道理（WEF，2022）。截至 2024 年 1 月，已经有 98 个国家和地区将净零目标写入法律、政策法规，或作出承诺（见表 4 - 1、表 4 - 2和表 4 - 3）。

表 4 - 1　　　　　　　　将净零排放目标写入法律的国家和地区

国家或地区	中期目标年份	碳中和目标年份
马尔代夫	无	2030
芬兰	2030	2035
奥地利	2030	2040
冰岛	2030	2040
德国	2030	2045
瑞典	2030	2045

续表

国家或地区	中期目标年份	碳中和目标年份
尼日利亚	2030	2060
哈萨克斯坦	2030	2060
欧盟、日本、英国、法国、加拿大、西班牙、澳大利亚、荷兰、哥伦比亚、瑞士、爱尔兰、智利、葡萄牙、匈牙利、希腊、新西兰、斯洛伐克、卢森堡、斐济	2030	2050

表4-2　　　将净零排放目标目标写入政策法规的国家或地区

国家或地区	中期目标年份	碳中和目标年份
多米尼加	2025	2030
安提瓜和巴布达	2030	2040
尼泊尔	2030	2045
土耳其	2030	2053
中国	2030	2060
俄罗斯	2030	2060
沙特阿拉伯	2030	2060
乌克兰	2030	2060
泰国	2030	2065
印度	2030	2070
美国、巴西、意大利、越南、阿根廷、马来西亚、阿联酋、比利时、罗马尼亚、新加坡、秘鲁、阿曼、埃塞俄比亚、多米尼加共和国、巴拿马、突尼斯、克罗地亚、哥斯达黎加、立陶宛、斯洛文尼亚、乌拉圭、柬埔寨、拉脱维亚、老挝、格鲁吉亚、巴布亚新几内亚、塞浦路斯、纳米比亚、马耳他、利比里亚、冈比亚、佛得角、安道尔、伯利兹、所罗门群岛、瓦努阿图、汤加、马绍尔群岛、图瓦卢、摩纳哥	2030	2050

表4-3　　　承诺实现净零排放目标的国家或地区

国家或地区	中期目标年份	碳中和目标年份
巴巴多斯	2025	2030
丹麦	2030	2045

续表

国家或地区	中期目标年份	碳中和目标年份
科威特	无	2060
巴林	无	2060
加纳	2030	2070
南非、斯里兰卡、保加利亚、爱沙尼亚、亚美尼亚、牙买加、密克罗尼西亚联邦	2030	2050

资料来源：Energy & Climate Intelligence Unit. Net Zero Scored. ［EB/OL］. （2024 - 07 - 22）［2024 - 08 - 04］. https：//eciu. net/netzerotracker.

二、全球碳定价的发展

截至 2024 年 5 月，全球共有 75 个碳定价工具在运行。全球征收碳税的国家或地区以及地方政府共 39 个，其中，征收碳税的国家 30 个，地区（中国台湾）1 个，地方政府 8 个；全球实行 ETS 的地区、国家和地方政府共 36 个，除欧盟碳市场外，有国家级碳市场 13 个，地方政府级碳市场 22 个。

（一）实行碳定价的国家和地区的数量呈现递增趋势

前已述及，欧洲国家实行碳定价的时间较早，其他地区的国家逐步跟进。20 世纪 90 年代，芬兰与波兰（1990 年）、挪威与瑞典（1991 年）、丹麦（1992 年）、斯洛文尼亚（1996 年）6 个国家引入了碳税。进入 21 世纪，爱沙尼亚（2000 年）、拉脱维亚（2004 年）、瑞士、阿尔巴尼亚与列支敦士登（2008 年）、冰岛与爱尔兰（2010 年）、乌克兰（2011 年）、英国（2013 年）、法国与西班牙（2014 年）、葡萄牙（2015 年）、荷兰与卢森堡（2021 年）、匈牙利（2023 年）引入碳税。2012 年，日本引入碳税，是欧洲之外引入碳税的第一个国家。之后，墨西哥（2014 年）、智利与哥伦比亚（2017 年）、阿根廷（2018 年）、南非、加拿大与新加坡（2019年）、乌拉圭（2022 年）等国也引入碳税。除国家外，墨西哥的 6 个州、加拿大的 1 个州与 1 个地区也引入了碳税。

自《京都议定书》明确了一些国家的减排责任后，一些国家和地区开始运用 ETS 推动碳减排，其中，欧盟于 2005 年首次实施 ETS（EU ETS）。之后，瑞士与新西兰（2008 年）、哈萨克斯坦（2013 年）、韩国（2015 年）、加拿大联邦（2019 年）、墨西哥（2020 年）、德国与中国（2021 年）、黑山与奥地利（2022 年）、印度尼西亚与澳大利亚（2023 年）等引入 ETS，英国（2021 年）脱欧后实行本国的 ETS。除国家层面引入 ETS 外，一些地方政府如省（州）也有引入，例如，美国 9 个州自 2009 年起实行区域温室气体行动（RGGI），加拿大阿尔伯塔省自 2007 年起实行技术创新与减排条例（TIER）等。不同国家、地区或地方政府引入碳税与 ETS 的时间如表 4 - 4 所示。

表 4 - 4　　　　不同国家、地区或地方政府引入碳税与 ETS 的时间

碳税	ETS
芬兰与波兰（1990 年）、挪威与瑞典（1991 年）、丹麦（1992 年）、斯洛文尼亚（1996 年）、爱沙尼亚（2000年）、拉脱维亚（2004 年）、瑞士、阿尔巴尼亚与列支敦士登（2008 年）、冰岛与爱尔兰（2010 年）、乌克兰（2011 年）、日本（2012 年）、英国（2013 年）、法国、西班牙与墨西哥（2014 年）、葡萄牙（2015 年）、智利与哥伦比亚（2017 年）、阿根廷（2018 年）、南非、加拿大与新加坡（2019 年）、荷兰与卢森堡（2021 年）、乌拉圭（2022 年）、匈牙利（2023 年） 墨西哥有 6 个州、加拿大有 1 个省和 1 个地区也引入碳税	欧盟（2005 年）、瑞士与新西兰（2008 年）、哈萨克斯坦（2013 年）、韩国（2015 年）、加拿大（2019年）、墨西哥（2020 年）、德国（2021 年）、中国（2021 年）、印度尼西亚（2023 年）、黑山与奥地利（2022 年）、澳大利亚（2023 年）等引入 ETS，英国（2021 年）脱欧后实行本国的 ETS 22 个次国家级 ETS 在运行，包括加拿大（8 个）、日本（2 个）、美国（4 个）、中国（8 个）

资料来源：State and Trends of Carbon Pricing Dashboard［EB/OL］.（2024 - 08 - 01）［2024 - 08 - 26］. https：//carbonpricingdashboard. worldbank. org/compliance/instrument - detail.

上述国家和地区有的同时使用两种碳定价工具，有的只使用一种碳定

价工具（见表 4 – 5）。2024 年运行 ETS 国家和地区的 GDP 占全球 GDP 的58%，覆盖 99 亿吨二氧化碳当量，覆盖的温室气体排放量占全球排放量的18%，全球三分之一的人口生活在有碳市场的地区；另外 22 个 ETS 正在开发或考虑中，亚洲和拉美的国家尤其活跃。

表 4 – 5　　　　　　　　　不同国家和地区碳定价工具

类型	国家或地区
只实行碳税	阿根廷、阿尔巴尼亚、爱尔兰、爱沙尼亚、冰岛、波兰、丹麦、法国、芬兰、哥伦比亚、荷兰、拉脱维亚、列支敦士登、卢森堡、南非、挪威、葡萄牙、瑞典、斯洛文尼亚、乌克兰、乌拉圭、西班牙、新加坡、匈牙利、智利
只实行 ETS	欧盟、奥地利、澳大利亚、德国、哈萨克斯坦、韩国、黑山、美国、新西兰、印度尼西亚、中国
碳税 + ETS	加拿大、墨西哥、日本、瑞士、英国

（二）碳价收入规模逐步扩大

在实行碳定价的 30 多年里，随着进行气候治理国家的增加，全球碳价收入规模不断扩大。其中，1990 年收入总额为 3.2 亿美元；2023 年为1040 亿美元，首次超过 1000 亿美元大关。从结构看，1990—2020 年一直是碳税收入高于 ETS，自 2021 年起 ETS 收入超过碳税收入。其中，2023年，来自 ETS 的收入为 750 亿美元，占总收入的 72.12%；来自于碳税的收入为 290 亿美元，占总收入的 27.88%（见图 4 – 1）。

（三）碳定价的碳减排效应逐渐显现

考察特定国家（地区）碳定价的成效，可以对比其实施碳定价至 2022年期间与实行碳定价之前同样期间碳排放的变化率。从世界范围看，乌拉圭、

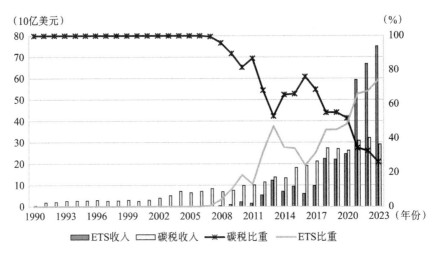

图 4 - 1 1990—2023 年全球碳税、ETS 收入总额及占比

资料来源：WB, State and Trends of Carbon Pricing Dashboard ［EB/OL］. （2024 - 08 - 01）［2024 - 08 - 26］. https：//carbonpricingdashboard. worldbank. org/compliance/instrument - detail.

匈牙利分别于 2022 年、2023 年实行碳税；黑山与奥地利于 2022 年实行 ETS、印度尼西亚与澳大利亚于 2023 年实施 ETS，实施时间较短，无法获得相应数据；阿根廷、新加坡等国未显示出碳减排效应。其他已经实行碳定价的国家，碳减排取得了良好效果（见表 4 - 6）。例如，瑞士于 2008 年同时开征碳税与实施 ETS，与世界其他国家相比，该国的碳税税率与 ETS 成交价格均较高，推动碳减排的成效非常显著。2008—2022 年共 15 年，瑞士二氧化碳排放量从 4471 万吨下降至 3538 万吨，下降 20.87%；二氧化碳排放量占全球二氧化碳排放量的比重从 0.14% 下降至 0.10%，下降幅度为 28.57%。与该区间相对应，在 1993—2007 年碳定价实施前的 15 年，瑞士二氧化碳排放量从 1993 年的 4361 万吨下降至 2007 年的 4336 万吨，下降 0.57%；在世界碳排放总量中所占的比重从 2.69% 下降至 2.00%，下降幅度为 25.65%。可以发现，瑞士碳定价的实施有效地促进了碳减排，降低了其碳排放量在世界总排放量中的比重。

表 4-6　　　　　　　　　世界典型国家碳定价实施效果　　　　　　　　单位:%

国家	碳定价实施年份[①]	碳定价实施之前 n 年间碳排放的变化		碳定价实施 n 年间碳排放的变化[②]	
		排放量变化率	占世界温室气体排放总量比重的变化率	排放量变化率	占世界温室气体排放总量比重的变化率
加拿大	2007/2008	26.31	-4.12	-7.72	-21.69
丹麦	1992/2005	115.50	-12.50	-50.18	-69.23
芬兰	1990/2005	110.64	-23.33	-36.47	-60.00
法国	2014/2005	-7.54	-44.26	-28.50	-43.26
德国	2021/2005	-14.22	-36.42	-23.09	-38.91
日本	2012/2010	-6.53	-27.65	-13.25	-22.19
韩国	*/2015	20.64	7.23	-5.23	-9.50
荷兰	2021/2005	20.00	-9.86	-29.52	-43.33
新西兰	*/2008	31.16	0.00	-14.13	-25.00
挪威	1991/2008	196.36	15.38	21.97	-21.43
瑞典	1991/2005	35.67	-47.92	-34.10	-60.00
瑞士	2008/2008	-0.57	-26.32	-20.87	-28.57
英国	2013/2005	0.31	-25.65	-44.13	-55.44
中国	*/2013	102.01	59.85	14.47	8.56
波兰	1990/2005	136.28	-13.30	-14.21	-47.59
拉脱维亚	2004/2005	-69.80	-76.92	-14.75	-33.33
爱沙尼亚	2000/2005	-51.07	-66.67	-33.40	-50.00
美国	*/2009	9.03	-19.95	-7.73	-21.78
冰岛	2010/2008	31.61	-9.09	1.14	0.00
爱尔兰	2010/2005	52.73	14.29	-19.47	-35.00
哈萨克斯坦	*/2013	40.08	10.85	6.28	0.83
墨西哥	2014/2020	6.87	-10.27	5.75	0.95
葡萄牙	2015/2005	115.73	59.86	-40.25	-52.34
南非	2019/*	-2.46	-5.88	-13.19	-13.44
智利	2017/*	7.91	4.85	0.29	-2.99
哥伦比亚	2017/*	30.78	27.15	8.07	4.69
乌克兰	2011/*	-1.41	-26.46	-54.19	-57.54
列支敦士登	2008/2008	7.44	0.00	-25.37	-100.00

续表

国家	碳定价实施年份[①]	碳定价实施之前 n 年间碳排放的变化		碳定价实施 n 年间碳排放的变化[②]	
		排放量变化率	占世界温室气体排放总量比重的变化率	排放量变化率	占世界温室气体排放总量比重的变化率
阿根廷	2018/*	− 1.39	− 3.53	6.79	5.70
新加坡	2019/*	− 19.20	− 22.29	57.65	57.14
西班牙	2014/2005	86.28	38.23	− 33.32	− 46.91
卢森堡	2021/2005	34.16	0.00	− 37.72	− 51.22

注：（1）斜杠前、后的年份分别为一国开始实行碳税、ETS 的年份，＊表示该国尚未推出该项碳定价工具。首次实施碳定价的年份，为碳税、ETS 实施年份中较早者。例如，芬兰 1990 年实施碳税，2005 年适用加入欧盟碳市场，则其首次实施碳定价的年份为 1990 年。加拿大、美国、中国等存在地方政府级碳市场，则首次实施碳定价的年份为地方政府级、国家级碳市场与碳税三者中较早的年份。例如，中国 2013 年开始碳市场试点，2021 年开始启动国家碳市场，则 2013 年为中国首次实施碳定价的年份。

（2）n 的确定：特定国家、地方政府开始实行碳定价至 2022 年的年份为 n。例如，芬兰 1990 年实施碳税，至 2022 年已经实行 33 年，则 n 为 33。为考察该国家实施碳定价的效果，将其实施碳定价前 33 年（1957—1989 年）的碳减排情况，与实行碳定价同样长度时间段（1990—2022 年）的碳减排效果进行比较。

资料来源：根据以下资料自行计算：

①WB, State and Trends of Carbon Pricing Dashboard [EB/OL]. (2024 − 08 − 01) [2024 − 08 − 26]. https://carbonpricingdashboard. worldbank. org/compliance/instrument − detail.

②Ritchie H, Roser M., China: CO_2 Country Profile [EB/OL]. (2024 − 01 − 06) [2024 − 01 − 16]. https://ourworldindata. org/co_2/country/china#what − are − the − country − s − annual − co₂ − emissions.

（四）秉承公正转型理念的国家和地区数量逐步增加

1. 公正转型的定义

公正转型（just transition）是指一个国家或地区在推动实现碳中和或净零目标的道路上，除关注绿色转型，还关注其与体面就业、经济增长、消除贫困、减少不平等目标的一致性。这些目标与联合国 2030 可持续发展目标（SDGs）一致，其中，气候行动与 SDG13 一致、体面工作和经济增长与 SDG8 一致、经济适用的清洁能源与 SDG7 一致、消除贫困与 SDG1 一致、减少不平等与 SDG10 一致。可见，公正转型遵循的是可持续发展的理念，要实现的是经济、社会和环境的协调发展。

公正转型起源于 20 世纪 70 年代北美地区的工会运动。石油、化学和原子能工人工会（OCAW）的领导者们认为，美国在能源和环境领域推行严格的政策导致一些企业倒闭、工人失业，相当于将环境污染的负外部性转移给工人和社区。因此，他们提出公正转型的概念并建议成立超级基金，将基金用于工人再培训等方面，以保护因环境政策而面临收入下降或失业风险的工人群体（Stevis, D., Felli, R., 2015）。现在该理念已扩展至气候治理领域，旨在应对气候治理中产生的不平等现象，保护弱势群体的利益，确保各利益相关方能够公平受益。公正转型有利于确保社会和经济的可持续发展，有利于实现气候行动的政治可接受性，减少诉讼风险。

2. 公正转型的必要性

气候治理中，一国或地区通过改变燃料结构、运用新技术等实现温室气体减排，这给其带来新的发展机遇，但也会影响产业结构与收入分配，有可能给这些国家或地区带来风险。根据国际劳工组织（ILO）的测算，在升温 2℃ 的情景下，到 2030 年全球将损失 600 万个工作岗位，这些岗位主要集中于依赖化石能源的行业。尽管转型也能够创造大量新的绿色就业机会，但因技能、素质方面的原因，在能源转型中失业的工人往往因不能胜任新的岗位而不能重新就业。例如，Curtis, E. M. 等（2024）基于 2005—2021 年美国的就业数据研究发现，只有不到 1% 的工人成功实现了在绿色行业的就业（Curtis, E. M., O'Kane, L. 和 Park, J., 2024）。为了取得气候治理的成功并被所有人认可，绿色转型必须是公平和包容的。因此，国家或地区必须从一开始就考虑到碳定价的社会、经济和环境影响，并采取一切可能的手段来减轻其对社会、经济的不利影响。

3. 全球就公正转型达成的共识

1997 年，在日本东京召开的《公约》第三次缔约方会议（COP3）上，公正转型概念被首次引入全球气候治理进程。2010 年，在墨西哥坎昆召开的《公约》第十六次缔约方会议（COP16）会议上，公正转型被成功纳入《坎昆协议》决议文本（UN，2011）。2011 年，在南非德班举行的《公约》第十七次缔约方会议（COP17）通过了《实施应对措施影响论坛与工作方案》，决定在《公约》的附属机构下建立正式议程项，公正转型成为其确定的八个工作领域之一。2015 年的《巴黎协定》指出，"缔约方不仅可能受到气候变化的影响，还可能受到为应对气候变化而采取的措施的影响"，因而各缔约方"务必根据国家制定的发展优先事项，实现劳动力公正转型以及创造体面工作和高质量就业岗位"。2018 年，在波兰卡托维兹举行的《公约》第二十四次缔约方会议（COP24）上，建立了服务于《巴黎协定》的"应对措施论坛"，公正转型成为该论坛工作方案确立的四个工作领域之一。2019 年，在西班牙马德里举行的《公约》第二十五次缔约方会议（COP25）通过了《应对措施论坛六年工作计划》，公正转型成为工作计划的重点领域。2021 年，在英国格拉斯哥举行的《公约》第二十六次缔约方会议（COP26）期间，来自美国、欧盟和其他国家的代表签署了《公正转型声明》。2022 年，在埃及沙姆沙伊赫举行的《公约》第二十七次缔约方会议（COP27）授权建立了独立的"公正转型路径工作方案"议题，公正转型从应对措施议题下的一个关注领域转换为《公约》谈判中一个独立的议题。2023 年，在阿联酋迪拜召开的《公约》第二十八次缔约方会议（COP28）首次同意设立损失与损害基金，以帮助遭受全球变暖冲击且贫穷、脆弱的国家。

4. 秉承公正转型理念推动碳减排的国家

越来越多的国家尤其是发达国家在气候治理中坚持气候正义，旨在减少转型带来的社会矛盾，确保受到影响群体不会在转型过程中被落下（北京大学国家发展研究院，2023）。

（1）欧盟。为保证在转型过程中"没有一个人掉队"，2020年，欧委会在其《绿色新政投资计划》中推出"公正转型机制（just transition mechanism，JTM）"，主要适用于受气候转型负面影响较大的地区和行业。作为公正转型的重要内容，欧盟于2021年设立公正转型基金（just transition fund），用于支持相关地区经济多元化的发展和重建，达到降低转型的社会经济成本、支持成员国实现经济和社会公正转型的目的。该基金规模约为175亿欧元，其中75亿欧元由欧盟预算提供，其余由欧洲社会基金和欧洲区域发展基金补充（EC，2023）。

（2）美国。美国在《通胀削减法案》中推出6种公正转型措施，分别是：

①设立温室气体减排基金。《通胀削减法案》授权美国环保署（EPA）创建并实施金额高达270亿美元的温室气体减排基金，用于支持全国清洁技术的部署、促进清洁分布式太阳能的采用等，以降低数百万低收入人群的能源费用。

②设立环境和气候正义补助金，金额为30亿美元。该基金支持社区主导的空气污染监测、预防和补救等项目，减少室内空气污染。

③专款用于保护儿童，金额为5000万美元。EPA将向为低收入社区服务的学校和支持它们的组织提供拨款和技术援助，减轻持续的空气污染危害，并改善学生和教职员工的健康和安全。

④为建设清洁港口提供资金，金额为30亿美元。港口可能是柴油污染的重要来源，而那些生活在受到污染的港口附近的人通常是有色人种和低收入家庭。为改善其生活环境，法案设立专门资金用于购买零排放港口建设所需的设备和基础设施等。

⑤恢复超级基金石油税，规模为117亿美元。《通货膨胀削减法案》恢复了超级基金石油税，预计这将在未来10年内产生117亿美元的收入。

⑥为改进执法技术提供资金，金额为2500万美元。

⑦为推动卡车和重型车辆的清洁排放提供资金，规模为10亿美元。该

资金支持用清洁、零排放的车辆取代肮脏的重型车辆，建设零排放车辆基础设施等。

（3）加拿大。加拿大的石油和天然气行业提供了593500个直接和间接工作岗位，其中大部分位于阿尔伯塔省、萨斯喀彻温省、纽芬兰和拉布拉多省。低碳转型过程中，这些工人因技能方面的原因有可能失业。为避免出现该问题，加拿大政府已承诺为艾伯塔省、萨斯喀彻温省、纽芬兰和拉布拉多省设立一个新的期货基金，以支持当地和区域经济多元化；建立一个新的清洁就业培训中心，帮助各行各业的工人提升或获得新技能。

（4）波兰。2021年，波兰发布了《能源政策2040》，设定了未来能源政策的三个支柱，其中之一便是公正转型，包括为受能源转型负面影响最大的地区和社区提供新的发展机会，为参与能源转型的部门创造新的就业机会，对与煤炭地区转型相关的活动提供约600亿兹罗提的资金支持，保护个人能源消费者免受能源价格上涨的影响等（Ministry of Climate and Environment，2024）。

（5）印度尼西亚。该国在《2050年低碳和气候韧性长期战略》中将公正转型列为战略性议题，并计划分为两个阶段实施：第一阶段为2021—2030年，该阶段主要围绕高质量就业、体面工作和劳动保障方面展开；第二个阶段为2031—2050年，该阶段通过创造体面、高质量的工作机会，实现向低温室气体排放、气候适应型发展的转型。

（五）连接碳市场的国家和地区不断增加

1. 连接国家间碳市场

超国家层级运行的欧盟碳市场覆盖所有欧盟成员国以及冰岛、列支敦士登和挪威三个国家。EU ETS拥有单一的监管机构（欧洲委员会）和单一的履约工具（欧盟配额），每个成员国必须提交一份经授权机构核查的年度排放报告以确保履约。目前，欧盟碳市场已经实现与瑞士的连接。

2. 连接地方间碳市场

（1）加利福尼亚州和魁北克碳市场已经实现连接。21世纪初以来，美国多个长期民主党执政的州与加拿大的几个省通过建立倡议或联盟的方式，利用区域内的行业优势互补，建立了区域碳市场——美国西部气候倡议（Western Climate Initiative，WCI），在一定程度上推动了温室气体减排。WCI是北美最大、最综合的碳交易市场，其中两个参与行政区加利福尼亚州和魁北克省已经实现了连接。

（2）日本东京—埼玉县碳市场已经实现连接。这两个市场的制度极为相似，表现为两者均具有强有力的领导力和较高的管理水平，均吸收利益相关方参与政策的制定和实施，均能够获得有效的数据支撑决策制定，均未实行免费的配额分配，均针对能源消费者（Rudolph 和 Kawakatsu，2013；Roppongi 等，2017），目前两者已经实现连接。

（六）探索国家间碳定价比较方法的国际组织不断增多

1. 探索碳定价比较方法的必要性

（1）有的国家或地区既实行命令控制型手段如行政规制，也实行市场化手段如碳定价。如果不考虑命令控制型手段，则不能全面衡量一国或地区减缓气候变化努力的水平。

（2）有的国家或地区既实行直接碳定价，又实行间接碳定价。如果只关注直接碳定价，就无法了解一国或地区所做的推动碳减排的全部工作。例如，墨西哥逐步取消了汽油和柴油的消费补贴，并引入了燃油税和碳税，如果只关注直接定价会低估墨西哥的整体价格信号（Muñoz - Piña 等，2022）。另外，碳定价负担在各种工具之间重新分配的情况很常见，如果不考虑间接定价，可能不能准确评估直接碳价的效果。例如，瑞典、乌拉圭分别于1991年、2022年引入碳税的同时降低了燃油税。上述两个国家的政策发生了变化，但总碳价没有发生变化。如果不综合考虑，则会认为是开征了新的碳税、提高了碳价。

（3）即使运用相同的碳定价工具如碳税与 ETS，国家与地区之间的规定也存在很大的不同。不同国家或地区直接碳定价覆盖的范围不同、税率不同，以及减免税优惠不同；不同国家或地区消费税征税对象不同、税率不同。如果不采用统一的方法进行比较，则难以确定每个国家或地区碳减排的政策力度。

为应对气候治理手段的异质性给国家或地区间政策比较带来的挑战，一些国际组织探索对碳减排政策的综合核算，将不同碳减排政策"转换"为碳定价当量等来全面比较一国或地区气候治理的努力。

2. 经济合作和发展组织（OECD）探索碳定价的国际比较方法

根据 OECD 的定义，显性碳价 = ETS + 碳税，实际碳价 = 显性碳价 + 隐性碳价 = ETS + 碳税 + （燃料）消费税，净际碳价 = 实际碳价 - 化石燃料补贴。2022 年，OECD 尝试计算了 71 个国家 2018 年和 2021 年的实际碳价、净实际碳价和覆盖温室气体范围。

（1）实际碳价。71 个国家 2018 年、2021 年实际碳价加权平均值分别为 15.49 欧元/吨二氧化碳当量、17.52 欧元/吨二氧化碳当量，提高了 2 欧元左右。其中，OECD 成员国 2018 年、2021 年实际碳价加权平均值分别为 30.56 欧元/吨二氧化碳当量、34.51 欧元/吨二氧化碳当量，提高了 3.95 欧元。从政策工具看，71 国的（燃料）消费税从 13.71 欧元/吨二氧化碳当量变为 13.23 欧元/吨二氧化碳当量，略有下降；碳税从 0.58 欧元/吨二氧化碳当量提高到 0.71 欧元/吨二氧化碳当量；碳市场交易价格从 1.20 欧元/吨二氧化碳当量提高到 3.59 欧元/吨二氧化碳当量。从 OECD 成员国来看，其加权平均值的变化分别为：（燃料）消费税从 26.19 欧元/吨二氧化碳当量变化为 24.90 欧元/吨二氧化碳当量，略有下降；碳税从 1.45 欧元/吨二氧化碳当量上升至 1.79 欧元/吨二氧化碳当量；碳市场交易价格从 2.93 欧元/吨二氧化碳当量上升至 7.81 欧元/吨二氧化碳当量（见表 4 - 7）。

表 4 - 7　　世界典型国家 2018 年、2021 年实际碳价与净实际碳价

单位：欧元/吨二氧化碳当量

碳定价 / 年份 / 国家	隐性碳价 (燃料)消费税		显性碳价 碳税		ETS		实际碳价		化石燃料补贴		净实际碳价	
	2018	2021	2018	2021	2018	2021	2018	2021	2018	2021	2018	2021
71 国加权平均值	13.71	13.23	0.58	0.71	1.20	3.59	15.49	17.52	-1.41	-0.86	14.07	16.67
OECD 成员国加权平均值	26.19	24.90	1.45	1.79	2.93	7.81	30.56	34.51	-0.24	-0.14	30.32	34.37
澳大利亚	13.67	13.47	0.00	0.00	0.00	0.00	13.67	13.47	-0.10	-0.10	13.57	13.38
加拿大	15.30	15.10	3.69	9.14	4.22	12.55	23.21	36.79	0.00	0.00	23.21	36.79
丹麦	68.27	70.67	10.44	10.04	4.36	14.17	83.08	94.88	0.00	0.00	83.08	94.88
芬兰	37.56	35.95	24.32	28.01	6.93	22.39	68.81	86.35	0.00	0.00	68.81	86.35
法国	55.05	53.17	17.70	17.16	3.86	12.50	76.61	82.82	0.00	0.00	76.61	82.82
德国	46.74	44.53	0.00	0.00	8.35	35.98	55.09	80.51	0.00	0.00	55.09	80.51
日本	26.08	26.13	1.92	1.92	0.15	0.13	28.15	28.19	0.00	0.00	28.15	28.19
韩国	29.82	28.54	0.00	0.00	13.88	13.03	43.70	41.56	-0.02	-0.03	43.67	41.54
荷兰	74.75	85.80	0.00	0.10	7.93	24.86	82.68	110.77	0.00	0.00	82.68	110.77
新西兰	18.04	19.73	0.00	0.00	5.11	13.08	23.15	32.81	0.00	0.00	23.15	32.81
挪威	38.59	33.21	28.87	33.20	8.68	27.12	76.14	93.53	0.00	0.00	76.14	93.53
瑞典	43.35	44.77	36.17	37.60	6.42	20.56	85.94	102.93	0.00	0.00	85.94	102.93
瑞士	90.12	100.69	26.41	28.15	0.56	4.42	117.09	133.26	0.00	0.00	117.09	133.26
英国	69.78	69.50	2.45	2.39	4.67	15.64	76.90	87.52	0.00	0.00	76.90	87.52
美国	11.54	11.27	0.00	0.00	0.56	0.96	12.10	12.23	-0.15	-0.12	11.96	12.11
中国	5.44	5.24	0.00	0.00	0.26	1.84	5.70	7.08	-1.48	-1.41	4.22	5.67
印度	9.68	13.16	0.00	0.00	0.00	0.00	9.68	13.16	-1.62	-0.17	8.07	12.99

注：OECD 统计涵盖的 71 个国家，包括 OECD 成员国（38 个）、除沙特阿拉伯外的 G20 成员国（18 个），以及孟加拉国、布基纳法索、科特迪瓦、塞浦路斯、多米尼加、厄瓜多尔、埃及、埃塞俄比亚、加纳、危地马拉、牙买加、肯尼亚、吉尔吉斯斯坦、马达加斯加、马来西亚、摩洛哥、尼日利亚、巴拿马、巴拉圭、秘鲁、菲律宾、卢旺达、斯里兰卡、乌干达、乌克兰、乌拉圭。71 个国家温室气体排放和能源使用合计约占全球的 80%。表格中为典型国家碳定价情况。

资料来源：OECD. OECD Stat Explorer. Net Effective Carbon Rates ［EB/OL］.（2024 - 06 - 10）［2024 - 08 - 13］. https://data - explorer. oecd. org/vis? fs［0］= Topic% 2C1% 7CTaxation% 23TAX% 23% 7CTax% 20and% 20environment% 23TAX _ ENV% 23&pg = 0&fc = Topic&bp = true&snb = 7&vw = tb&df［ds］= dsDisseminateFinalDMZ&df［id］= DSD _ NECR% 40DF _ NECRS&df［ag］= OECD. CTP. TPS&df［vs］= 1.0&dq = . _T. _T. ECRATE% 2BFUETAX% 2BCARBTAX% 2BMPERPRI% 2BSUBSID% 2BNETECR... MEANW. V% 2BQ. A&pd = 2018% 2C2021&to［TIME_PERIOD］= false.

（2）碳定价覆盖范围。一些国家在推出碳定价政策之初覆盖温室气体排放的范围较窄，之后在总结经验的基础上逐步扩大覆盖范围。根据OECD对71国的调查，2021年与2018年相比，除隐性碳价覆盖的温室气体范围占全部温室气体排放比重的加权平均值从23.9%下降至23.8%外，显性碳价、实际碳价、净实际碳价覆盖的温室气体占全部温室气体排放比重的加权平均值分别从2018年的15.0%、33.1%、32.1%提高到2021年的24.5%、41.4%、40.7%（见表4-8）。

表4-8　　世界典型国家2018年、2021年碳定价覆盖温室气体

占全部温室气体排放的比重　　　　　　　单位:%

碳定价 国家 年份	显性碳价		隐性碳价		实际碳价		净实际碳价	
	2018	2021	2018	2021	2018	2021	2018	2021
71国加权平均值	13.52	22.07	21.89	21.80	30.15	37.61	29.22	37.03
OECD成员国 加权平均值	28.18	31.49	34.90	34.90	49.30	50.35	49.10	50.22
澳大利亚	0.00	0.00	14.39	14.39	14.39	14.39	14.39	14.39
加拿大	57.13	76.62	25.55	25.70	66.56	78.77	66.56	78.77
丹麦	48.90	48.85	32.96	32.96	50.55	50.50	50.55	50.50
芬兰	43.58	43.58	25.34	25.48	47.57	47.06	47.57	47.06
法国	55.22	55.22	45.86	45.90	63.79	63.79	63.79	63.79
德国	45.06	78.80	36.93	36.93	80.18	81.23	80.18	81.23
日本	70.94	70.94	71.59	71.59	72.23	72.23	72.23	72.23
韩国	75.07	75.07	56.51	56.51	89.57	89.57	89.57	89.57
荷兰	44.13	44.46	37.88	37.88	77.82	78.15	77.82	78.15
新西兰	40.23	40.23	22.35	22.35	41.38	41.38	41.38	41.38
挪威	71.60	71.06	25.30	25.30	75.48	74.95	75.48	74.95
瑞典	40.71	40.71	27.65	27.65	41.39	41.39	41.39	41.39
瑞士	35.11	35.11	56.99	56.99	64.54	64.54	64.54	64.54
英国	25.40	25.40	34.35	34.35	57.62	57.62	57.62	57.62

续表

国家 碳定价 年份	显性碳价		隐性碳价		实际碳价		净实际碳价	
	2018	2021	2018	2021	2018	2021	2018	2021
美国	5.23	6.01	28.28	28.28	31.31	32.09	31.31	32.09
中国	8.76	31.40	7.19	7.19	15.89	38.52	15.51	38.52
印度	0.00	0.00	43.83	43.83	43.83	43.83	43.83	43.83

资料来源：OECD. OECD Stat Explorer Net Effective Carbon Rates［EB/OL］.（2024 - 06 - 10）［2024 - 08 - 13］. https://data - explorer. oecd. org/vis? fs［0］= Topic% 2C1% 7CTaxation% 23TAX% 23% 7CTax% 20and% 20environment% 23TAX _ ENV% 23&pg = 0&fc = Topic&bp = true&snb = 7&vw = tb&df［ds］= dsDisseminateFinalDMZ&df［id］= DSD _ NECR% 40DF _ NECRS&df［ag］= OECD. CTP. TPS&df［vs］= 1. 0&dq = . _T. _T. ECRATE% 2BFUETAX% 2BCARBTAX% 2BMPERPRI% 2BSUBSID% 2BNETECR... MEANW. V% 2BQ. A&pd = 2018% 2C2021&to［TIME_PERIOD］= false.

3. 世界银行（WB）探索碳定价的国际比较方法

WB 开发了一种计算特定行业、燃料或整个经济总碳价（total carbon pricing, TCP）的方法，以全面比较不同国家或地区的碳减排政策，评估贸易商品中隐含的碳价，从而有利于对建立全球最低碳价进行探讨。该方法在概念上与 OECD 的净实际碳价相似，不同之处是包括增值税差异。WB 估算了 142 个国家 1991—2021 年的 TCP，结果表明，尽管目前直接碳定价覆盖了全球约四分之一的排放量，但并不比 1994 年《公约》生效时高出多少。在总碳价中，间接碳定价仍占最大份额（WB，2024）。

4. 国际货币基金组织（IMF）与世界银行探索碳定价与命令控制型手段的国际比较方法

IMF 与 WB 开发了气候政策评估工具 CPAT，利用该工具可以快速估计 200 多个国家气候减缓政策对能源需求和价格、二氧化碳和其他温室气体排放、财政收入、GDP、家庭和行业等的影响，是帮助政策制定者评估、设计和实施气候减缓政策的模型。CPAT 涵盖的政策工具包括显性碳定价、化石燃料补贴、电力和燃料税、甲烷费、增值税、能源效率和排放率法规、退税、可再生能源补贴和上网电价、绿色公共投资以及这些政策的组合。CPAT 将非碳价政策转化为"碳价当量",是气候政策评估方法的一项创新。但 IMF 与 WB 在政策选择上做了太多舍弃,数据收集也不完整,因而这一研究成果恐怕难以得到广泛认可。

5. OECD 建立用于评估和比较国家间碳定价的碳减排包容性框架

2021 年,在意大利罗马召开的 G20 峰会上,OECD 倡议建立一个国际平台,通过该平台搭建一套包容性的碳减排政策评估框架,对国家与地区间的碳减排政策进行比较,以减少全球气候治理合作中的争议。2023 年 2 月,OECD 正式发起了这一国际平台——碳减排方法包容性框架(the inclusive forum on carbon mitigation approaches,IFCMA),并在 2023 年 9 月印度新德里召开的 G20 峰会上发布了 IFCMA 的 3 年工作规划。建立该平台的目的是通过数据与信息共享、相互学习与包容性多边对话,全面评估与比较各国或地区利用碳定价推动碳减排的情况,减少全球气候治理合作中的争议(OECD,2024)。IFCMA 与 OECD/G20 推出的"双支柱"方案类似,一是两者注重包容性,鼓励非 OECD 国家参与;二是两者的逻辑高度一致,均是西方国家通过话语体系影响国际规则制定,形成更加广泛的话语权与话语力的过程(邢丽,2024)。

(七)协调碳定价的倡议与平台逐渐增加

1. IMF 提出碳底价倡议

IMF 认为,实现《巴黎协定》目标具有极大的挑战性和不确定性,需要建立一个补充和强化机制。为此,IMF 于 2021 年提出《在大型排放国之间建立国际碳价格底价的建议》(ICPF),提议国家或地区共同商定最低碳税水平,相关方碳定价不应低于该水平。IMF 认为,这是一种高效可行且容易理解的方法。排放大国若能实施碳底价,以集体行动应对气候变化,不仅有利于推动碳减排，还有利于打消各国因引入碳定价对自身竞争力受损的担忧。一个区域或一国规定最低税率是有成功经验的，前者如欧盟规定了增值税的最低税率，后者如加拿大联邦政府要求各省和地区实施最低碳价，各省或地区可自行选择通过实施本地的碳税或 ETS 来满足上述要求，也可选择适用联邦的政策。欧盟与加拿大的协调实践，为全球协调碳定价提供了很好的思路。

IMF 建议设立高收入国家、中等收入国家、低收入国家三个级别的碳底价，到 2030 年，三个类别国家的碳底价分别为 75 美元/二氧化碳当量、50 美元/二氧化碳当量、25 美元/二氧化碳当量。由于各国国情不同，上述底价将在 2022—2030 年分阶段实施、逐步推进。（1）从国别看。根据预期二氧化碳排放量的大小，首先在核心六国即中国、欧盟、印度、美国、加拿大、英国实施碳底价，之后再在其余 G20 成员实施，其他国家可以自愿加入。为促进发展中国家积极参与，IMF 建议通过国际财政转移、技术援助等方式对其给予一定的补偿。（2）从部门与温室气体来看。第一阶段拟从电力与工业部门化石燃料燃烧排放的二氧化碳开始，之后逐步扩大到所有部门和其他温室气体。IMF 委托专业机构对这一建议可能产生的环境与经济影响进行了测算，专业机构认为，引入碳底价有利于实现碳减排目标、减少碳泄漏、对经济发展水平的影响较小、可以增加一些国家的税收收入。

尽管实施碳底价有诸多益处，但 IMF 的建议恐怕难以获得全球认可，原因是：第一，发达国家目前碳价水平已经高于碳底价，碳底价对发达国家没有任何实质性影响，但却会大幅提高发展中国家碳价，增加其经济成本，因而碳定价建议不符合发展中国家尤其是中国和印度这样的主要排放国的利益，中国和印度有可能拒绝参与。第二，碳底价隐含的前提是各国将碳定价作为唯一或主要的气候治理手段，而前已述及，实践中一些国家尤其是发展中国家常使用命令控制型手段如定量的减排要求来推动碳减排，如果不认可这些工具，碳底价建议很难获得发展中国家的支持。

2. 一些国家成立气候俱乐部

气候俱乐部于 2023 年在《公约》第二十八次缔约方会议（COP 28）

上启动，是一个开放、包容和雄心勃勃的高级别合作论坛，其目标是支持《巴黎协定》及其相关决定的有效实施，实现《巴黎协定》的目标。目前，气候俱乐部拥有 41 个成员，由智利和德国共同担任主席。气候俱乐部对有气候雄心的国家开放，重点关注工业脱碳。气候俱乐部成员分享他们对雄心勃勃和透明的气候变暖减缓政策的评估和最佳实践，并努力就这些政策的有效性和经济影响达成共识。在注重政府间交流的同时，气候俱乐部将吸收学术界、智库、民间社会和私营部门的利益攸关方和专家参与。气候俱乐部为各国政府提供了一个在行业脱碳方面更紧密合作的机会，以协调和共同应对关键挑战。

3. 一些国家提出美洲碳定价倡议

该倡议由加拿大与墨西哥于 2018 年发起，是一个由国家和地方政府组成的泛美碳定价合作网络平台。其以《美洲碳定价格拉斯哥宣言》为指导，通过进行技术对话与召开研讨会等方式，分享美洲碳定价方面的经验和最佳实践，加强美洲国家间与各级政府间的合作与协同。美洲碳定价倡议的国家成员包括加拿大、智利、巴拿马、巴拉圭、墨西哥和多米尼加；地方政府成员包括巴西的伯南布哥州、里约热内卢州和巴西联邦区，墨西哥的克雷塔罗州、索诺拉和尤卡坦州，美国的加利福尼亚州，以及加拿大的魁北克省、不列颠哥伦比亚省和新斯科舍省，哥伦比亚为观察员。美洲碳定价倡议取得了一定的成效，如加拿大、墨西哥、哥伦比亚和智利等国引入了碳定价工具或提高了碳价。

作为对美洲碳定价倡议的补充，加拿大在《公约》第二十六次缔约方会议（COP26）召开期间发起全球碳定价挑战（GCPC）。GCPC 创建了一个对话和协调论坛，以使各国或地区更好地了解政策设计选择，并支持其他国家或地区采用碳定价，达到在全球推广碳定价的目的。目前，其伙伴有加拿大、德国、新西兰、智利、欧盟、挪威、英国、丹麦、瑞典、韩国、法国、哈萨克斯坦，科特迪瓦以朋友身份加入 GCPC，任何对碳定价有兴趣的国家都可以作为朋友加入该倡议。GCPC 设立了咨询委员会，根据来自伙伴、朋友和国际组织的全球专家组成的技术工作组的分析和咨询意见作出决策。GCPC 设定的具体目标是，到 2030 年通过碳定价覆盖全球 60% 的温室气体排放量。GCPC 特别重视支持发展中国家，确保全球合作的好处遍及不同的经济体，促进合作与向低碳未来的过渡。

4. 一些国家发表应对气候变化的联合声明

2019 年，北欧国家芬兰、瑞典、挪威、丹麦和冰岛在芬兰首都赫尔辛基签署一份应对气候变化的联合声明，要求各国评估实现碳中和的各种方案及其对各部门的影响。声明强调了合作行动的必要性和益处，同时准备了一份关于如何确保北欧地区履行《巴黎协定》中义务的提案。五国在声明中表示，将合力提高应对气候变化的力度，争取比世界其他国家更快实现碳中和目标。

5. 一些国家建立财政部长气候行动联盟

2018 年，在印度尼西亚巴厘岛举行的 WB 和 IMF 年会上，来自 39 个国家的代表探讨应对气候变化问题。其均认识到气候变化带来的挑战，以及世界各国财政部长所具有的应对这些挑战的独特能力，一些国家表示强烈支持建立财政部长联盟，以提升一国之内和全球气候变化行动之间的凝聚力。2019 年 4 月 13 日，来自 26 个国家的政府联手发起了财政部长气候行动联盟。目前，财政部长气候行动联盟汇集了来自 90 多个国家的财政和经济政策制定者，共同领导制定全球气候应对措施，确保实现向低碳与有韧性发展的公正过渡。该联盟目前由荷兰和印度尼西亚的财政部长担任主席，秘书处由世界银行和国际货币基金组织管理。

（八）个别国家推出或即将推出碳边境调节机制与进口碳税

1. 欧盟已经推出碳边境调节机制

欧盟指出，欧盟的气候雄心不断高涨，但非欧盟国家或地区的环境和气候政策却普遍比较宽松，因而导致碳泄漏的风险较高。碳泄漏会导致碳排放向欧洲以外地区转移，从而严重削弱欧盟及全世界为应对气候变化所作出的努力。为此，欧盟推出 CBAM，自 2023 年 10 月开始实施，达到平衡国内产品和特定进口产品的碳价，确保欧盟的气候目标不会被削弱的目的。

2. 英国即将推出 CBAM

与欧盟类似，英国正在迅速采取行动实现工业脱碳以实现净零排放，但从世界范围看，并非所有国家或地区都以相同的速度前进，英国的脱碳努力有碳泄漏的风险。碳泄漏会破坏减少全球碳排放的努力，并减少私人对脱碳的投资。为确保进口产品的碳价与英国生产产品的碳价相当、降低碳泄漏风险，2023 年 12 月 18 日，英国宣布将于 2027 年引入 CBAM。该机制适用于进口的碳排放密集型的工业产品，包括铝、水泥、陶瓷、化肥、玻璃、氢、钢铁。进口商需要支付的碳排放关税按照英国碳市场的免费配额和与原产国碳价（如果有）的差额确定。

3. 日本预备引入进口碳税

日本提出，自 2028 财年起对化石燃料进口商征收碳税，最初税率较低，之后逐步提高，并将提前公布，以鼓励公司加快绿色转型（GX）投资。

第五章　世界典型国家和地区气候治理目标与政策

随着温室气体排放的增加，全球气候变暖。2023 年，全球平均气温较工业化前（1850—1900 年）升高 $1.45 \pm 0.12℃$，为有记录以来最热的年份。气温升高引发高温热浪、暴雨洪涝、台风等，对人类的生产与生活造成诸多危害。不同区域变暖的速率并不相同，一般而言，高纬度地区的变暖速率会高于全球平均水平。欧洲整体处于中高纬度，变暖速率高于其他地区。2024 年 3 月 11 日，欧洲环境署发布的《欧洲气候风险评估》指出，自 20 世纪 80 年代以来，欧洲大陆的变暖速率约为全球平均水平的两倍，目前其已经成为地球上变暖速度最快的大陆。为减少温度升高带来的自然灾害，欧洲各国有必要进行气候治理。与此同时，欧洲是全球范围内最早实现工业化的地区，经济发达、人民生活富足，容易产生物质需求之外的其他需求，包括对环境方面的需求。另外，欧洲发达的经济发展水平、技术创新程度也为其进行气候治理提供了经济基础与技术支持，使其有能力进行气候治理。上述因素决定了欧洲各国进行气候治理、提出气候治理目标与推出气候治理政策的时间早于世界其他地区。

一、欧洲——欧盟及成员国

（一）欧盟

1. 气候治理目标

2019 年 12 月，欧盟在气候变化领域推出最为重要的纲领性文件《欧洲绿色新政》（以下简称《新政》），旨在将欧盟转变为一个公平繁荣的社会，以及富有竞争力的资源节约型现代化经济体。《新政》为欧盟实现气候雄心制定了明确的线路图，即到2030年碳排放量较1990年减少55%、到2050年成为首个气候中和的大陆。《新政》为后来《欧洲气候法》的出台做好了铺垫。

2021年7月，《欧洲气候法》在《官方公报》上公布，并于2021年7月29日生效（EU，2024）。该法将《新政》中设定的目标写入法律，并建立了一个监测和报告系统，以确保各成员国与这些目标保持一致。此外，《欧洲气候法》还要求欧委会在2050年碳中和目标之外提出2040年的中期减排目标。根据该法，欧盟组建了一个由15名资深科学专家组成的、独立的欧洲气候变化科学咨询委员会，其职责是为欧盟现有和拟议的措施提供独立的科学建议与评估报告，从而进一步加强对实现这些目标所做努力的外部监督与评估。《欧洲气候法》旨在确保欧盟的所有政策都有助于实现气候目标，以及确保所有部门都能发挥自己的作用。欧盟机构和成员国有义务在欧盟和国家层面采取必要措施，同时考虑到促进成员国之间公平和团结的重要性。2023年，欧委会首次按照《欧洲气候法》的要求评估了实现气候中和与适应目标的进展情况。每年欧委会都会发布《欧盟气候行动进展报告》（CAPR），报告欧盟实现减排目标进展情况，为广大受众提供了了解欧盟气候行动最新进展的机会。2023年，该报告首次包括对实现欧盟2050年气候中和目标的进展进行评估的内容。评估结果表明，尽管欧盟温室气体排放量继续下降，但在实现气候中和目标方面的进展还不够。具体来看，建筑、交通等为仍需大幅减少排放的领域，农业等为进展太慢的领域，土地利用、土地利用变化和林业（Land Use，Land - Use Change and Forestry，LULUCF）为近年来有恶化趋势的领域，这些领域最需要采取行动（EU，2024）。

2023年10月，欧盟向公约秘书处提交了更新后的国家自主贡献目标，承诺与1990年相比，到2030年二氧化碳排放量减少55%。

2. 气候治理政策

为确保实现公正转型，保持与加强欧盟工业的创新和竞争力，同时确保与第三国运营商之间的公平竞争，巩固欧盟在全球气候治理的领导地位，2021 年 7 月，欧洲委员会公布了"Fit for 55"一揽子计划，内容包括：改革 EU ETS，推出 CBAM，修订土地利用、土地利用变化及林业（LULUCF）战略，修改《可再生能源指令》，改革《能源税指令》，建立社会气候基金等。其中既有对原有政策的修订，也有新推出的措施，旨在将欧盟的气候雄心变为现实，进一步确定欧盟在全球气候治理中的领导地位。此后，经过与欧洲议会和欧盟理事会等共同立法者协商，欧洲委员会逐步完善了相关政策（EU，2024）。目前，一揽子计划中的提案除《能源税收指令》外，所有提案均已获得欧洲议会和欧盟理事会的通过。

为确保所有经济部门都分担减排负担，欧盟 2018 年 5 月通过《努力分担决定》（Effort Sharing Decision），为 EU ETS 尚未覆盖的部门制定了具有约束力的减排目标。2023 年，欧盟修订了该条例，调整了各成员国为实现欧盟目标而作出最低贡献的义务，以实现欧盟最迟到 2050 年实现气候中和的长期目标（EC，2023）。

（二）法国

1. 气候治理目标

2021 年 2 月，法国向公约秘书处提交了《国家低碳战略》，承诺开发一种新的可持续增长模式，创造就业和财富，改善福祉，同时为未来建立能够抵御气候变化的循环经济。法国为欧盟成员国，国家自主贡献里承诺的气候治理目标见（一）欧盟部分。

2. 气候治理政策

20 世纪 90 年代，法国已实现碳达峰，而后其将碳中和设为国家的优先事项。为实现该目标，2005 年 2 月，法国出台了《环境宪章》，在序言中宣示了生态平衡、可持续发展、生物多样性等环保理念，在正文中规定了公民的环境权、公民与国家的环境保护义务等。

2015 年 8 月，法国出台了《绿色增长和能源转型法》，提出了绿色增长与能源转型的时间表，包括到 2030 年将温室气体排放降低至 1990 年水平的 40%；到 2050 年将能源最终消费降低至 2012 年水平的 50%；到 2030 年将化石能源消费降低至 2012 年水平的 30%；增加可再生能源在一次能源消费中的占比，其中到 2020 年增至 23%，到 2030 年增至 32% 等。为此，该法设定了在 2030 年前逐步提高碳税税率的轨迹，最高可达 100 欧元/吨二氧化碳。

2019 年 1 月，法国颁行《能源与气候法》，确定了国家气候政策的宗旨与具体措施。其中，国家气候政策的宗旨是应对生态与气候紧急情况，并将在 2050 年实现碳中和的政策目标写入法律。具体措施主要包括：逐步淘汰化石燃料，支持发展可再生能源；通过规范引导，对高能耗的住房建筑进行渐进式、强制性的温室气体减排改造；通过引入国家低碳战略和"绿色预算"制度，监督和评估气候政策的落实；减少对核电的依赖，实现电力结构多元化等。

（三）瑞典

1. 气候治理目标

2020 年 12 月，瑞典向公约秘书处提交了《瑞典降低温室气体排放的长期战略》，指出最迟到 2045 年将实现温室气体净排放量为零，此后实现负排放；到 2045 年，瑞典的温室气体排放量将比 1990 年的排放量至少减少 85%。瑞典为欧盟成员国，国家自主贡献里承诺的气候治理目标见（一）欧盟部分。

2. 气候治理政策

2017 年 6 月，瑞典议会通过了气候政策框架，包括《气候法案》、国家气候目标、气候政策委员会三大支柱。其中，《气候法案》于 2018 年 1 月 1 日生效，规定政府的气候政策必须以气候目标为基础。根据《气候法案》，政府应每年中提交关于气候的报告；每四年提交一份气候政策行动计划。瑞典提出的国家气候治理长期目标是最迟到 2045 年实现温室气体净零排放，这意味着到 2045 年，瑞典活动产生的温室气体排放量必须比 1990 年至少减少 85%。气候政策委员会是一个独立的跨学科专家机构，其任务是评估政府的整体政策与议会和政府制定的气候目标的一致性。该委员会由在气候、气候政策、经济学、社会科学和行为科学领域具有高度科学能力的成员组成。

（四）芬兰

1. 气候治理目标

2020 年 10 月，芬兰向公约秘书处提交了《芬兰温室气体长期低排放发展战略》，分析了到 2050 年可采取的减排方案及其影响。芬兰为欧盟成员国，国家自主贡献里承诺的气候治理目标见（一）欧盟部分。

2. 气候治理政策

2015 年 1 月出台的《芬兰气候变化法》是一部框架法律，提出到 2050 年较 1990 年减排 80% 的目标。2022 年，芬兰更新了该法，自当年 7 月起生效。新法承诺到 2035 年实现净零排放，到 2040 年实现负排放，这使芬兰成为世界上第一个在法律中承诺实现负排放的国家（Olivia Rosane，2021）。该法还设定了分阶段的目标，即到 2030 年将温室气体排放量（不包括土地利用、土地利用变化和林业）减少 60%，到 2040 年减少 80%，到 2050 年减少 90%—95%。《芬兰气候变化法》规定了不同政府部门的职责，并要求成立由不同科学领域的专家组成的独立的专家机构，负责收集相关数据，为决策提供支持。

（五）德国

1. 气候治理目标

2022 年 12 月，德国发布《2050 年气候行动计划》，提出到 2045 年实现净零排放。德国为欧盟成员国，国家自主贡献里承诺的气候治理目标见（一）欧盟部分。

2. 气候治理政策

德国 2019 年 12 月出台《气候保护法》，该法属于框架性立法，明确了具有法律约束力的国家减排目标，即到 2030 年在 1990 年基础上减排 55%，到 2050 年实现碳中和。《气候保护法》明确了能源、工业、交通、建筑、农林等不同经济部门的碳排放量，并规定联邦政府部门有义务监督相关领域遵守年度减排目标。《气候保护法》规定设立一个跨学科的由七名专业人士组成气候问题专家委员会，委员由联邦议院任命，女性和男性名额相同，任期五年并可再获得一次任命，其职责为审查现有和预备实施的气候保护措施对实现德国和欧洲气候保护目标以及《巴黎协定》目标是否有效。

2019 年 9 月，德国出台《2030 年气候行动计划》，其中的重要内容是决定从 2021 年开始对运输和供暖部门的二氧化碳排放进行定价，即于 2021 年启动全国范围的碳市场（nEHS）。

2021 年 6 月，德国修订了《气候保护法》，将 2030 年减排目标上调至 65%；规定 2040 年减排目标为 88%；将碳中和的时间从 2050 年提前到了 2045 年；2050 年之后实现负排放。为保障目标落实，德国规定每 5—10 年更新一次《气候行动计划》，建立监测预警机制与碳预算补缺机制，气候变化专家委员会负责对各部门的碳排放预算执行质量进行检查。

2024 年 4 月，德国再一次修订《气候保护法》，修改内容包括：（1）将"回望"改为"展望"，即政府将重点转向关注未来的排放量，评估德国是否走在正确的减排道路上或者是否需要提升政策力度。（2）注重集体责任和灵活度相结合，即政府关注减少温室气体排放总量，并出台针对减排潜力最大部门的减排政策，以高效地实现气候目标，达到兼顾增强政府整体责任与保持灵活度之间的关系。（3）部门排放信息全面透明，即政府致力于推动实现特定部门如交通、能源和住房等的信息公开，追踪其碳减排进展。（4）增强气候问题专家委员会的作用，规定有权就气候应对问题提出自己的建议。

（六）丹麦

1. 气候治理目标

2020 年，丹麦向公约秘书处提交了长期规划，提出到 2050 年实现气候中和。丹麦为欧盟成员国，国家自主贡献里承诺的气候治理目标见（一）欧盟部分。

2. 气候治理政策

丹麦一直是脱碳的早期领导者。1990 年，丹麦通过了《能源 2000》计划，提出到 2005 年，将二氧化碳排放量减少 20%、将能耗减少 15% 的目标。同时设定能源目标与碳减排目标，是丹麦能源政策领域的一个里程碑，《能源 2000》也被认为是全世界首个减少二氧化碳排放的政府计划。该文件还提出就二氧化碳和二氧化硫排放征收环境税，并分别于 1992 年、1995 年和 2008 年引入了二氧化碳税、二氧化硫税和氮氧化物税，旨在提高公众对气候变化的关注并通过经济激励减少碳密集型能源的消耗。

2007 年，丹麦成立气候和能源部，这是世界上第一个为了专门应对气候变化而成立的国家部委，具有标志性意义。2023 年 12 月，在阿联酋迪拜举行的《公约》第二十八次缔约方会议（COP28）上，丹麦宣布成立负排放国集团，这是一个由正在致力于实现净负排放的国家组成的联盟，丹麦、芬兰和巴拿马等都是联盟成员。这些进一步强化了其在气候领域的国际影响力。

2014 年 6 月，丹麦通过了第一部《气候法》，但未包含任何有约束力的法律措施。2020 年 6 月，丹麦议会通过了新的《气候法》，其中包含有法律约束力的法律措施，包括设立气候变化委员会协助政府和议会制定未来的气候目标；政府必须每 5 年提出一个为期 10 年的气候目标，每年向议会报告法案的执行情况，以及及时向公众披露法案的实施进展状况，并设置了专门问责机构。另外，该法规定了气候治理目标，即到 2030 年排放量比 1990 年减少 70%，到 2050 年实现气候中和。2024 年 6 月，丹麦政府与议会达成了协议，包括设立 72 亿欧元的绿色投资基金、实行新的统一碳税等。

（七）荷兰

1. 气候治理目标

2019 年 12 月，荷兰发布了《荷兰减缓气候变化的长期战略》，2020 年 12 月 11 日提交给公约秘书处。长期战略提出的目标是，到 2050 年温室气体排放比 1990 年减少 95%。荷兰为欧盟成员国，国家自主贡献里承诺的气候治理目标见（一）欧盟部分。

2. 气候治理政策

荷兰为"低地之国"，面临着来自海陆空三个方向的气候挑战。如果全球温室气体排放不受控制，气候变化导致的海平面上升可能会导致荷兰部分地区被淹没。数据显示，如果温室气体排放继续当前趋势，到 2100

年，海平面可能上升 84 厘米，甚至到 2300 年可能上升高达 5.4 米。这促使荷兰采取积极措施应对气候变化。荷兰的《气候法》与《气候协议》在国家气候政策中相辅相成，形成了紧密的互补关系。前者提供了法律框架和长远的减排目标，后者则针对农业、建筑、能源、工业和交通等领域制定了具体的行动计划和多方合作机制，以确保这些减排目标的切实实现。

（1）《气候法》。该法 2019 年 7 月颁布，设定了中期与长期温室气体减排目标。根据《气候法》，政府必须每年通过《气候备忘录》向议会报告气候政策的进展情况，并根据科学建议进行调整。政府须制定《气候计划》，详述未来 10 年的主要政策措施、可再生能源利用比例和节能目标。《气候计划》每 5 年更新一次，每 2 年报告实施进展，以确保目标实现和政策有效性。

（2）《气候协议》。2019 年 6 月，诸多组织与企业为应对气候变化达成该协议，标志着荷兰在应对气候变化和减少温室气体排放方面迈出了重要一步。该协议明确了电力、工业、建筑、交通和农业五个主要部门为实现气候目标所需采取的具体行动，政府致力于以最具成本效益的方式逐步引入相关措施，确保公民和企业之间公平分担经济负担。

（3）联合协议。2021 年 12 月，荷兰通过《2021—2025 年联合协议》，提出其目标是成为欧洲对抗全球变暖的领导者。为了在 2050 年之前实现气候中和，其收紧《气候法》中设定的 2030 年碳减排目标，并详细列出了电力等五个主要部门的具体目标。

（八）波兰

1. 气候治理目标

2019 年 1 月，波兰能源部发布了《2021—2030 年国家能源和气候计划》，首次公开声明到 2020 年，可再生能源占总能源消耗的比重最高将达到 13.8%，而不是最初计划的 15%。与该地区其他国家相比，该比例较低，这也是多年来波兰经济以煤炭为基础而非通过现代化手段获取能源的结果。2021年2月，波兰出台《面向2040年的波兰能源政策》，提出要大幅减少能源生产中的煤炭用量。到2040年，一半以上的能源生产将实现零排放，煤矿应在2049年之前关闭。波兰为欧盟成员国，国家自主贡献里承诺的气候治理目标见（一）欧盟部分。

2. 气候治理政策

在《面向2040年的波兰能源政策》中，荷兰设定了未来能源政策的三个支柱，在此基础上提出能源政策的目标以及为实现这些目标所应实施的战略项目。国家能源政策的三个支柱分别是公正转型、零排放的能源系统、良好的空气质量，法定目标是实现能源安全，同时确保经济具有竞争力、减少能源部门对环境的影响等。在法定目标下又分为8个具体指标，并指出了为实现这些目标应实施的战略项目。《能源政策2040》符合《2021—2030年国家能源和气候计划》的要求。

（九）葡萄牙

1. 气候治理目标

2019年9月，葡萄牙向公约秘书处提交了《国家长期温室气体发展战略》，提出到2050年实现碳中和。葡萄牙为欧盟成员国，国家自主贡献里承诺的气候治理目标见（一）欧盟部分。

2. 气候治理政策

2019年6月，葡萄牙批准了《2050年碳中和路线图》，成为世界上最早制定2050年碳中和目标的国家之一。2020年，该国通过了《2021—2030年国家能源和气候计划》，确定了未来十年的主要优先事项。2021年，葡萄牙担任欧盟理事会轮值主席国期间，在批准《欧洲气候法》方面发挥了积极作用，并根据欧盟的目标将碳中和纳入国家法律，值得称赞。2021 年 12 月，葡萄牙出台的《气候框架法》设定了到 2030 年总排放量比 2005 年的水平减少至少 55%，到 2050 年减少 90% 等目标。

（十）卢森堡

1. 气候治理目标

2019 年 12 月，卢森堡发布了《长期气候行动战略——2050 年实现气候中和》，提出其目标是到 2050 年实现气候中和，减少温室气体排放并通过碳汇抵消残余排放。卢森堡作为欧盟成员国，国家自主贡献里承诺的气候治理目标见（一）欧盟部分。

2. 气候治理政策

2006 年 4 月，卢森堡发布了《减少二氧化碳排放计划》，详细阐述了应对气候变化的策略和具体措施，包括在交通领域实行绿色税收，如提高燃油税税率、改革汽车税制，推动公共交通基础设施建设等；在建筑领域，实施严格的能效标准，提供财政补贴，推进公共建筑节能改造；在可再生能源领域，改革电力生产政策，推广风能、水能、生物质能的利用；在工业领域，通过配额交易和技术创新减少排放。

2018 年 12 月，卢森堡发布了《2021—2030 年综合国家能源与气候计划》，设定了到 2030 年温室气体排放量在 2005 年基础上减少 55% 的目标，以及到 2050 年实现气候中和即净零排放的长期目标。为实现这些目标，该计划包含了一系列具体措施，其中包括自 2021 年起开征碳税，并将其收入用于气候治理、为低收入家庭提供社会补偿和投资能源转型等。

（十一）斯洛文尼亚

2021 年 8 月，该国发布长期规划《关于斯洛文尼亚到 2050 年的长期气候战略的决议（ReDPS50）》，指出到 2050 年，斯洛文尼亚将成为一个基于可持续发展的气候中和有韧性的社会。斯洛文尼亚为欧盟成员国，国家自主贡献里承诺的气候治理目标见（一）欧盟部分。目前，该国正在制定《气候变化法》。

（十二）拉脱维亚

2020 年 12 月，拉脱维亚发布《拉脱维亚到 2050 年实现气候中和的战略》，该战略是一份长期的政策规划文件，旨在提高拉脱维亚国民经济的竞争力，并确保居民在应对气候变化的同时享有安全的生活环境。拉脱维亚为欧盟成员国，国家自主贡献里承诺的气候治理目标见（一）欧盟部分。目前，该国正在制定《气候法》。

（十三）爱沙尼亚

爱沙尼亚作为欧盟成员国，国家自主贡献里承诺的气候治理目标见（一）欧盟部分。爱沙尼亚于 2011 年 2 月颁布了《爱沙尼亚环境法典（总则）》，2014 年生效。该法典的立法目的是尽最大可能降低环境伤害、保护生物多样性，以及对已发生的环境损害进行救济等。该法还规定了环境保护的原则与义务、明确了环境许可证制度等。目前，该国正在起草《气候法》，其中包含 2030 年、2040 年和 2050 年的减排目标，并围绕这些目标建立法律问责框架，预备 2025 年开始实施。

（十四）爱尔兰

2023 年 4 月，爱尔兰出台《爱尔兰温室气体减排长期战略》，设定了到 2030 年将温室气体排放量减少 51%、到 2050 年实现气候中和的目标，并肯定了政府致力于将社会正义置于向低碳经济过渡的核心的理念。爱尔兰为欧盟成员国，国家自主贡献里承诺的气候治理目标见（一）欧盟部分。

爱尔兰的《2021 年气候行动和低碳发展（修订）法》于 2021 年 9 月生效，提出为了减少全球进一步变暖的程度，爱尔兰应追求并实现不迟于 2050 年底向具有气候适应力、生物多样性、环境可持续和气候中和的经济过渡。实现气候中和意味着到本世纪中叶，爱尔兰将不会对气候系统产生负面影响，这对爱尔兰来说是一个极其雄心勃勃的目标，但这个目标强调了爱尔兰致力于在气候行动方面发挥领导作用的承诺。该法提出应公正转型，即在可行的情况下，最大限度地增加就业机会，并支持可能受到转型负面影响的个人和社区。

（十五）西班牙

2020 年 12 月，西班牙发布《长期温室气体低排放发展战略》，承诺到 2050 年实现气候中和。西班牙为欧盟成员国，国家自主贡献里承诺的气候治理目标见（一）欧盟部分。2021 年 5 月，西班牙发布《气候变化与能源转型法》，明确了未来 10 年在应对气候变化方面的中期目标和具体措施，旨在到 2050 年实现气候中和，全面转向可再生能源。

（十六）匈牙利

匈牙利为欧盟成员国，国家自主贡献里承诺的气候治理目标见（一）欧盟部分。2020 年 6 月，匈牙利发布《气候保护法》，该法提出通过减少温室气体排放和推广可持续能源，实现到 2050 年的气候中和目标，这使匈牙利成为全球首批将其 2050 年排放目标转化为法律承诺的国家之一。此外，政府还宣布了一系列支持可持续发展的措施，如扩大太阳能发电设施、推广电动汽车等。

（十七）奥地利

2020 年，奥地利出台《气候保护法》，提出到 2030 年，可再生能源在该国最终能源消费总额中的占比将至少达到 21%；温室气体排放量将比 1990 年减少至少 40%，在 2050 年之前实现完全的气候中和。2021 年 9 月，该国向公约秘书处提交《国家清洁发展战略 2020—2050》，指出清洁发展是一种发展模式，促进经济可持续增长，创造绿色就业机会，同时最大限度地减少环境污染和温室气体排放。该战略明确了 2050 年实现气候中和目标的社会经济和技术途径，该目标已被 2020 年关于气候保护的第 XLIV 号法案载入法律。该战略强调公正转型，以提高公众对雄心勃勃的气候行动的接受度。2023 年 9 月，匈牙利根据欧盟的要求，向欧盟提交修订后的《国家能源与气候计划》，其中包括减少温室气体排放、增加可再生能源份额、提高能源效率和建设可持续交通的目标和措施。该国为欧盟成员国，国家自主贡献里承诺的气候治理目标见（一）欧盟部分。匈牙利的中长期能源和气候政策以《国家清洁发展战略 2020—2050》和《国家能源与气候计划》为指导。

二、欧洲——非欧盟成员国

（一）挪威

1. 气候治理目标

2017 年 6 月，挪威议会通过了《气候变化法》，确立了到 2050 年成为低排放社会的目标，作为其 2050 年向低碳社会过渡的一部分。《气候变化法》于 2018 年 1 月生效，该国于 2021 年 6 月对其进行了修订。2022 年 11 月，挪威在向公约秘书处提交的更新后的国家自主贡献，承诺到 2030 年温室气体比 1990 年减排 55%。

2. 气候治理政策

挪威位于北欧斯堪的纳维亚半岛的西部，其独特的地理位置使其在气候变化和环境问题上尤为脆弱。北极地区冰的融化、海平面上升和极端天气事件的增多，对挪威的生态系统和经济造成了显著影响。为应对这些挑战，挪威积极推动气候治理和规划，于 2021 年 1 月出台《2021—2030 年气候行动计划》，指出到 2030 年，逐步增加未被 ETS 覆盖的交通、废物处理、农业、建筑、工业、石油和天然气等行业的碳税税率至 2000 挪威克朗/吨二氧化碳当量（包括 LULUCF 的二氧化碳清除和减排）；可能对矿物肥料征税，以减少一氧化二氮的排放。该行动计划还提到，在 2030 年前实现碳中和。该国碳市场已经与 EU ETS 连接，以推动碳减排。

（二）列支敦士登

2017 年 9 月，列支敦士登在提交给公约秘书处的第一次国家自主贡献中承诺，到 2030 年温室气体排放量比 1990 年减少 40%。目前，该国碳市场已经与 EU ETS 连接。

（三）冰岛

1. 气候治理目标

2021 年 2 月，冰岛向公约秘书处提交了国家自主贡献，承诺到 2030 年实现与 1990 年相比至少 55% 的温室气体净减排目标，并与欧盟及其成员国和挪威在气候合作协定框架内共同实现这一目标。

2. 气候治理政策

冰岛于 2018 年 9 月提出《冰岛气候行动计划》，于 2020 年 6 月对其进行了更新，旨在通过多项综合措施实现 2040 年前的碳中和目标。更新后的计划覆盖了交通、能源、农业和废物管理等多个经济部门，特别强调提高土地利用效率和湿地恢复的重要性。目前，计划中的 48 项具体行动中已有 28 项开始执行。预计到 2030 年，这些措施将使欧盟努力分摊规则（ESR）涵盖部门（如交通、农业、渔业、废物管理等）的排放量比 2005 年减少超过 100 万吨二氧化碳当量。该国碳市场已经与 EU ETS 连接。

（四）英国

1. 气候治理目标

2021 年 10 月，英国向公约秘书处提交《英国净零战略——重建更绿色》，阐述了英国对 2050 年脱碳经济的愿景等内容。2022 年 9 月，英国向公约秘书处提交的更新后的首次国家自主贡献，承诺的温室气体减排目标是到 2030 年的温室气体排放量比 1990 年至少减少 68%。

2. 气候治理政策

2008 年 11 月，英国通过《气候变化法》，明确到 2050 年温室气体排放量比 1990 年减少 80%，成为世界范围内第一个将温室气体减排目标写进法律、实行单方面强制减排的国家（国家应对气候变化战略研究和国际合作中心，2018）。该目标比英国承担的国际义务更加严格，表明了英国在气候变化应对方面的雄心。《气候变化法》从制度、机制等方面对碳减排作出了安排，并创立了气候变化委员会，由其作为独立的机构向政府提供独立的、专业的建议。政府需要向议会提交关于温室气体排放、碳预算实施、碳减排目标实现情况的报告，气候变化委员会需要就政府在上述领域的工作效果进行评估并提交评估报告，所有的报告均被要求公开。2019年，根据气候变化委员会建议，英国将长期减排目标提高为比1990年减少至少100%，即实现温室气体净零排放。时任英国首相特雷莎·梅2019年6月12日宣布该目标，议会同时修订了2008年出台的《气候变化法》，将该目标写入法律，这意味着英国成为七国集团中第一个为净零排放立法的国家。2008年，英国通过了《能源法》《规划法》，与《气候变化法案》共同构成了英国能源与气候变化长期政策的基石，其中，《气候变化法》是气候变化政策和法律体系的核心。

（五）瑞士

1. 气候治理目标

2021年12月，瑞士在向公约秘书处提交的更新后的首次国家自主贡献中承诺，到2030年温室气体排放量比1990年至少减少50%，相当于2021—2030年平均至少减少35%，并提出了到2050年温室气体排放量减少到净零排放的指示性目标。2021年1月，该国向公约秘书处提交《瑞士长期气候战略》，提出到2050年温室气体排放量减少到净零，这符合瑞士的气候政策责任和能力，为《巴黎协定》作出了贡献。

2. 气候治理政策

1983年10月，瑞士通过《环境保护法》，规定了进行环境保护的基本原则，包括预警原则、污染者付费原则、整体方法原则（即该法的整体目标是减轻环境的整体负担）、可持续发展原则、合作原则，并规定了环境保护的实施路径。2000年，瑞士出台《瑞士联邦二氧化碳减排法》，引入碳税。2023年6月，瑞士通过《关于气候保护目标、创新和加强能源安全的联邦法案》，该法案设定了长期与临时气候治理目标，规定了减少能源消耗的举措以及帮助工业、建筑行业和普通民众家庭摆脱化石燃料依赖的激励措施。

（六）乌克兰

1. 气候治理目标

乌克兰于2021年7月向公约秘书处提交了更新的国家自主贡献，提出其减排目标是到2030年排放量比1990年降低65%，以及不迟于2060年实现气候中和的目标。

2. 气候治理政策

2011年，乌克兰引入碳税。2017年9月，《乌克兰—欧盟联系协定》生效，其中概述了实施国家碳排放交易市场的步骤，包括通过国家立法并指定主管部门；建立识别相关装置和温室气体的系统；制订国家配额分配计划；建立配额发放制度；建立MRV和执法系统；启动公众咨询程序等。此后，该国建立了MRV制度，计划根据MRV系统至少3年的数据制定单独的立法。2022年被覆盖设施应提交2021年的第一批监测报告，但2022年俄乌冲突爆发，MRV制度实际上是在自愿的基础上实施的。2022—2023年初，该国制定了限额设定和配额分配草案，并吸收利益相关者参与进程。

乌克兰为欧盟候选国，作为入盟谈判的一部分，政府需要根据欧盟法律调整本国税收、支出和监管政策。此外，欧盟是乌克兰的主要贸易伙伴，而乌克兰是欧盟推出的碳边境调节机制（CBAM）影响最大的国家之一，乌克兰有必要在未来几年优先考虑其脱碳议程。

2024年5月31日，乌克兰政府向议会提交《气候政策基本原则（草案）》，提出建立ETS以实现国家气候政策目标。2024年6月5日，乌克兰环境保护和自然资源部就《乌克兰碳市场实施方案2033（草案）》公开征求意见，为期 1 个月。该实施方案概述了准备和启动碳市场的三个阶段，其中，在准备阶段（2024—2025 年），通过碳市场立法和必要的配套法规，改善 MRV 基础设施，提升相关机构和利益相关者参与碳市场的能力。在试点阶段（2026—2028 年），测试市场的准备情况，识别潜在问题并予以纠正。在全面实施和进一步发展阶段（2029—2033 年），考虑根据碳市场实施情况，不断扩大覆盖范围以及开始准备其与 EU ETS 的连接。

（七）黑山

2022 年 6 月，黑山在提交给公约秘书处的国家自主贡献中承诺，到 2030 年，与 1990 年相比，全国温室气体排放总量（不包括土地利用、土地利用的变化和林业）至少减少 35%。2019 年 12 月，黑山通过《气候变化负面影响保护法》，提出制定一套全面的气候政策，包括温室气体清单、低碳发展战略和国家 MRV 系统，这为建立涵盖工业和电力部门排放的全国碳排放市场提供了法律依据。2020 年 2 月，该国通过了一项专门关于碳市场的章程。

三、美洲

（一）美国

1. 气候治理目标

美国是历史累积碳排放量最大的国家，其能源和气候政策却极不稳定。2021 年，美国宣布重返《巴黎协定》，在应对气候变化问题上恢复了奥巴马政府时期的积极态度。2021 年 4 月，美国向公约秘书处提交了重返《巴黎协定》之后的第一份国家自主贡献文件，承诺到 2030 年温室气体排放比 2005 年减少 50%—52%。

2021 年 11 月，美国发布了《迈向 2050 年净零排放的长期战略》，指出气候治理存在挑战，也存在重大的机遇。该战略明确了美国在 2050 年前实现净零排放目标的长期规划与技术路径，分析了 2030 年国家自主贡献的中期目标与 2050 净零排放这个长期目标之间的关系。该战略指出，美国实现碳中和具有三个时间节点：到 2030 年，总排放降至 32 亿—33 亿吨二氧化碳当量；到 2035 年，电力完全脱碳——这是走向碳中和的关键技术路径；到 2050 年，实现净零排放目标。《美国国家气候战略》是《迈向 2050 年净零排放的长期战略》的姊妹篇，主要聚焦如何通过目前政策和行动使美国实现 2030 中期目标，以及如何将实现 2050 长期目标的政策和基础设施准备到位。

2. 气候治理政策

与欧盟以碳定价为主推动碳减排的模式不同，美国形成了财政激励主导的减排模式。两党执政理念的差异和能源利益集团的存在，使其气候政策连续性较差。美国近年来推出的与气候治理有关的文件主要有 3 个。

（1）《基础设施投资和就业法案》（Infrastructure Investment and Jobs Act，IIJA）（以下简称《基建法案》）。《基建法案》于 2021 年 11 月 15 日正式签署成为法律，是美国历史上对基础设施最大规模的投资之一。《基建法案》拨款 75 亿美元用于建立全国首个电动汽车充电网络，以促进电动汽车的普及和减少温室气体排放。同时，《基建法案》拨款 390 亿美元用于发展现代化公共交通系统，以减少交通部门的气候与环境影响，这是美国历史上对公共交通的最大投资。为了在 2035 年实现电力行业基本脱碳，《基建法案》延续了对清洁电力的税收优惠，如对使用风能、太阳能等可再生能源发电的设施给予税收抵免，总金额达 3000 亿美元。此外，《基建法案》规定，5 年内投入 500 亿美元用于应对气候变化，这是美国迄今为止在该领域的最大资金投入。美国通过积极推行气候政策，发展绿色低碳投资，提升国内产业竞争力，确保其在全球经济竞争中处于领先地位。

（2）《通货膨胀削减法案》（Inflation Reduction Act，IRA）。2022 年 8 月 16 日，拜登总统将《通货膨胀削减法案》签署为法律。尽管名为《通货膨胀削减法案》，实际上该法案除了包括与通货膨胀削减有关的条款，还包括促进绿色转型、削减弱势群体医疗负担、优化税制和应对财政赤字等内容。作为重要的执行部门，美国环保局依据《通货膨胀削减法案》的授权开展了系列行动，主要包括应对气候污染、推进环境正义和提供更清洁空气三个方面。首先，应对环境污染。包括多项措施，其中有两项金额较大：一是设立气候污染减少补助金（CPRG），金额为 50 亿美元，用于支持各州、部落、城市和机构制定和实施强有力的温室气体减排战略；二是甲烷减排计划，金额为 15.5 亿美元。其次，推进环境正义。包括设立温室气体减排基金、环境和气候正义补助金，以及安排专门用于保护儿童、建设清洁港口、改进执法技术、推动卡车和重型车辆的清洁排放的资金，开征超级基金石油税等。最后，提供清洁空气。将 1.175 亿美元用于空气污染监测，5000 万美元用于多污染物监测等。

（3）《国家气候韧性框架》（National Climate Resilience Framework）。2023 年 12 月，美国发布该框架，明确指出建设一个气候适应型国家需要各级政府（州、地方、部落和地区）、各种政治背景的领导人以及各类组织和私营部门机构的共同努力，美国政府将而且必须与这些实体成为合作伙伴。该战略还指出，在气候治理中，美国坚持公平公正原则，寻求解决社区之间和社区内部差异的方案。

（二）加拿大

1. 气候治理目标

2021 年 7 月，加拿大向公约秘书处提交国家自主贡献，承诺到 2030

年全国温室气体排放量在 2005 年的基础上减少 40%—45%，并致力于到 2050 年实现净零排放。2022 年 11 月，加拿大向公约秘书处提交了长期战略文件《探索加拿大向净零排放过渡的方法》，明确指出减少排放量达到净零的必要性，规定了定期的减排目标和报告机制以确保透明和问责。

2. 气候治理政策

2016 年 10 月，加拿大发布《泛加拿大碳污染定价方法》，确定了 2018—2022 年的碳定价方法，这些方法被广泛认为是推动创新和提高能源效率以减少温室气体排放的最有效手段。根据《泛加拿大碳污染定价方法》，各省或地区可以灵活地设计和实施自己的定价系统，以满足当地需求，前提是它符合最低国家严格标准（联邦基准）。

2016 年 12 月，加拿大首个国家气候计划《泛加拿大清洁增长和气候变化框架》（PCF）获得通过。PCF 建立在四大支柱之上：为碳污染定价，减少整个经济温室气体排放的补充行动，气候适应能力建设，以及清洁技术、创新和就业。PCF 包括 50 多项具体行动，涵盖加拿大经济的所有部门，为加拿大实现 2030 年和 2050 年的气候目标奠定了基础，目前该计划下规定的许多行动仍在进行中。

2018 年 6 月，《温室气体污染定价法》（GGPPA）获得御准，该法明确联邦碳污染定价由燃料税（相当于碳税）和基于产出的定价机制（OB-PS）两个部分组成。各省和地区被要求在 2018 年 9 月 1 日之前明确其碳定价计划，并根据联邦基准评估每个机制的严格性。

2020 年 12 月，加拿大推出了一项加强的国家气候计划《健康的环境和健康的经济》（SAP），其中包含 64 项加强的和新的联邦政策、计划和投资，旨在减少污染并建立一个更强大、更清洁、更有弹性和更具包容性的经济。SAP 建立在 2016 年 PCF 的基础上，是政府致力于创造 100 多万个就业岗位、将就业恢复到新冠疫情前水平的关键支柱。

2021 年，加拿大更新了《泛加拿大碳污染定价方法》，将 2023 年全国最低碳价设定为 65 加元（48.15 美元），每年增加 15 加元（11.11 美元），到 2030 年达到 170 加元（125.9 美元）。另外，从 2023 年到至少 2030 年，温室气体排放限额必须不断减少。

2021 年 6 月，《加拿大净零排放责任法案》获得御准，规定为确保在 2050 年前实现温室气体净零排放，碳减排在推进过程中应保持透明度，并实施问责制，具体包括：（1）2030—2050 年，政府每 5 年制定一次国家温室气体减排目标，公布每个目标的减排计划、进展报告和评估报告，并将其提交议会。（2）在制定或修改目标或计划时吸收公众参与。（3）正式成立净零排放咨询机构（NZAB），就加拿大如何在 2050 年实现净零排放提供独立建议。（4）财政部长编写年度报告，说明政府为管理与气候变化有关的金融风险和机遇而采取的关键措施。（5）环境和可持续发展专员至少每 5 年一次，不迟于 2024 年底开始，审查和报告政府执行当前计划中的措施和战略的情况。（6）在该法生效 5 年后对该法进行全面审查。（7）重视土著知识在气候问责进程中的作用。该法案标志着加拿大政府首次立法规定减排问责制以应对气候变化。2022 年 3 月，加拿大政府推出了《加拿大 2030 年减排计划》，勾画了 2030 年实现比 2005 年水平减少 40%—45% 的排放量的路线图，该计划是《加拿大净零排放责任法案》的早期成果。

（三）墨西哥

1. 气候治理目标

2016 年 11 月，墨西哥出台了《墨西哥 21 世纪中期气候变化战略》，承诺到 2050 年，温室气体排放比 2000 年减少 50%。2022 年 11 月，在埃及沙姆沙伊赫召开的《公约》第二十七次缔约方会议（COP27）上，墨西哥更新了国家自主贡献，承诺到 2030 年将温室气体排放量由之前的减排 22% 提高到 35%。

2. 气候治理政策

2012 年 4 月，墨西哥出台《气候变化一般法》（GLCC），提出了温室气体减排目标（LSE，2018）。GLCC 规定，设立气候变化基金，以引导公共、私人、国家和国际资金资助有助于气候适应和减缓行动的项目，如支持研究和创新、技术开发和转让，以及购买核证减排量（CER）等。另外，GLCC 建立了一个自愿的排放交易市场，以促进温室气体减排。GLCC 经过多次修订，在以下方面进行了重要改革：2014 年，提出对化石燃料征税；2016 年，提出建立碳市场并为碳排放核算设定了框架；2018 年，规定启动全国温室气体排放市场，并明确墨西哥在《巴黎协定》范围内的贡献；2020 年，取消气候变化基金；2023 年，引入创建"国家气候变化脆弱性地图集"的义务。

（四）乌拉圭

2022 年 12 月，乌拉圭向公约秘书处提交国家自主贡献，承诺到 2030 年二氧化碳排放量不超过 9267 兆克，甲烷排放量不超过 818 兆克，一氧化二氮排放量不超过 32 兆克，并且还承诺在国际支持下再减少 960 兆克的二氧化碳排放量、61 兆克的甲烷排放量和 2 兆克的一氧化二氮排放量。2021 年 12 月 28 日，乌拉圭提交《乌拉圭关于低温室气体排放和气候适应型发展的长期气候战略》，承诺到 2050 年实现碳中和。乌拉圭地处南美，受气候影响较大，于 2022 年开征碳税。

（五）智利

2020 年 8 月，智利向公约秘书处提交更新后的国家自主贡献报告，承诺到 2030 年温室气体排放量减少至 95 百万吨二氧化碳当量，并在 2025 年前达到排放峰值，同时在 2020—2030 年温室气体排放预算不超过 11 亿吨二氧化碳当量。2021 年 11 月，该国向公约秘书处提交《智利长期气候战略 2050》，承诺在 2050 年前实现碳中和。为此，智利设定 2025 年为碳排放峰值年，并制定了 2020—2030 年的碳预算，将总排放量限制为 11 亿吨

二氧化碳当量。2022 年 6 月，智利颁布了《气候变化框架法》，设定了
2050 年实现碳中和的目标，并规定了为实现这一目标将实施的国家和地方
气候政策。

（六）阿根廷

1. 气候治理目标

2021 年 10 月，阿根廷在向公约秘书处提交的第二次国家自主贡献中
承诺，到 2030 年温室气体净排放量不超过 3.49 亿吨二氧化碳当量。2022
年 11 月，阿根廷向公约秘书处提交《到 2050 年实现长期低排放的韧性发
展战略》，指出到 2050 年实现温室气体中和的目标。

2. 气候治理政策

2007 年，阿根廷出台《国家促进可再生能源生产和使用制度》，要求
到 2017 年 12 月 31 日，至少全国消耗电力的 8% 须来自可再生能源。2015
年，阿根廷出台了关于可再生能源的第 27191 号法律，实际上是更新了
《国家促进可再生能源生产和使用制度》，并将其延长至 2018—2025 年。
更新的内容包括：设定了新的国家可再生能源目标，如到 2025 年 12 月 31
日，至少全国消耗电力的 20% 来自可再生能源；设立了为可再生能源项目
提供资金的基金（FODER），该基金主要来自于财政资金，估计到 2025 年
将达到约 410 亿美元；规定了电力需求超过 300 千瓦的大型消费者的最低
可再生能源要求。

（七）哥伦比亚

1. 气候治理目标

2020 年 12 月，哥伦比亚向公约秘书处提交更新后的国家自主贡献，

承诺 2030 年温室气体最高排放量为 1.69 亿吨二氧化碳当量。2016 年，哥伦比亚出台了《2020—2050 年国家能源规划》，提出了能源部门未来 30 年的期望和愿景，即到 2050 年实现国家的可持续发展。

2. 气候治理政策

2018 年，哥伦比亚通过了《气候变化管理法》，概述了建立国家可交易温室气体排放计划（PNCTE，实为 ETS）的基本规定，PNCTE 是碳税的补充。环境与可持续发展部将根据减排目标确定配额限额、分配配额，配额主要通过拍卖进行。2023 年第 2294 号法律第 262 条对该法进行了更新，提出将拍卖收入分配给"生命和生物多样性基金"（以前称为"可持续性和气候适应基金"）。2021 年，哥伦比亚出台《气候行动法》，设定了到 2030 年全面实施 ETS 的目标。

四、大洋洲与非洲

（一）澳大利亚

1. 气候治理目标

2021 年 10 月，澳大利亚发布《长期减排计划》，提出到 2050 年实现净零排放的目标，并为如何实现该目标制定了路线图。2022 年 6 月，该国向公约秘书处提交的更新后的国家自主贡献中承诺，到 2030 年温室气体排放量比 2005 年减少 43%，并重申了到 2050 年实现净零排放的目标。

2. 气候治理政策

2022 年，澳大利亚发布《气候变化法案》，将到 2030 年碳减排量翻倍，到 2050 年实现净零排放的目标写入法律，同时指出通过总理办公室净零管理局的指导确保实现公正和包容的能源转型等。

（二）新西兰

1. 气候治理目标

2021 年 11 月，新西兰在更新后的国家自主贡献中承诺，到 2030 年温室气体总排放量将比 2005 年减少 50%；到 2050 年实现生物甲烷以外的温室气体净零排放；到 2030 年将生物甲烷排放量减少到比 2017 年低 10%，到 2050 年减少到比 2017 年低 24%—47%。2021 年 11 月，新西兰发布《长期低排放发展战略》，提出到 2050 年实现长寿命气体净零排放，到 2050 年将生物甲烷减少 24%—47%。

2. 气候治理政策

2002 年，新西兰出台《气候变化应对法》，为该国建立了一个应对气候变化的体制和法律框架。该法已经多次修订，其中比较重要的包括：(1) 2008 年的《气候变化应对（排放交易）修正案》，决定在新西兰引入温室气体排放交易计划（NZ ETS）。(2) 2009 年的《气候变化应对（适度排放交易）修正案》，对 NZ ETS 作出了几项重要修改，包括将农业部门参与 NZ ETS 的时间推迟到 2015 年 1 月 1 日，以及向 EIET 行业额外分配排放证书等。(3) 2009 年的《气候变化应对（排放交易林业部门）修正案》，对林业部门参与 NZ ETS 进行了技术性修订。(4) 2019 年的《气候变化应对（零碳）修正案》，设定了到 2050 年将净碳排放量减少到零；与 2017 年的水平相比，到 2030 年将来自农业和废物的生物甲烷排放量减少 10%、到 2050 年减少 24%—47% 的目标。该修正案要求定期进行国家气候风险评估，并规定政府有义务在每次评估后制订国家适应计划。同时，规定设立气候变化委员会，向政府提供独立的专家建议。(5) 2020 年该国出台的

《排放交易改革修正案》，改革了2008年该法案修正案所建立的交易计划，旨在提高确定性。它还规定从2021年开始逐步减少工业配额，从2030年开始更大幅度地减少配额。

（三）南非

1. 南非气候治理目标

非洲只有南非一个国家推出了碳税。南非拥有丰富的自然资源，同时气候变化给其带来诸多挑战：水资源危机加剧、粮食安全受威胁、传染疾病蔓延、生物多样性受损等。"二战"结束以后，南非经历了长达近50年的种族隔离时期，气候环境问题并未引起当政者的足够重视。1994年，南非结束种族隔离建立起独立国家后，政府已经意识到气候变化将可能成为未来的重要议题，于该年成立了国家气候变化委员会，作为国家和非国家行为体就气候变化问题进行协调的平台。

1996年，南非颁布新宪法，其中第24条规定："每个人都有权享受一个对其健康与福利无害的环境。为了当代和后代人的权利，通过合理立法与其他措施，防止环境污染和生态退化，提升自然保存水平，在确保生态可持续发展与利用自然资源的同时促进经济与社会的公平发展。"上述条款将环境权确立为宪法性权利，对南非的环境立法提出了要求，成为南非未来环境立法的基础。以此为依据，1998年南非颁布了《国家环境管理法》，1999年生效。该法确立了可持续发展的理念，保障与落实宪法规定的环境权并推动环境正义。另外，该法有利于推进部门协作与综合管理，以系统地解决环境管理问题（李挚萍，2024）。1996年的宪法和1998年的《国家环境管理法案》构成了南非国内层面环境立法的两大重要组成部分。

2004年，南非制定了《气候变化应对战略》；2020年，发布《低碳减排发展战略》，汇总了现有政策、规划和研究，提出了"达峰—平稳—下降"（peak - plateau - decline）的减排路径，并强调在确保社会经济发展的前提下，向碳中和目标公正平稳地过渡。

2021 年 9 月，南非向公约秘书处提交了国家自主贡献，承诺在 2025 年之前完成碳达峰，并在 2021—2025 年将温室气体排放量减少到 398 亿—510 亿吨二氧化碳当量，在 2026—2030 年的五年间将温室气体排放量减少到 350 亿—420 亿吨二氧化碳当量。

2. 气候治理政策

2024 年 4 月，南非出台第一部专门旨在应对气候变化及其影响的立法《气候变化法》，内容包括：第一，立法目的。实施应对气候变化及其影响的一致性政策；通过增强适应能力、提高韧性及降低气候变化脆弱性，有效避免气候变化带来的负面影响；为全球协同使温室气体浓度稳定在对气候系统造成威胁的水平之下作出贡献；确保南非根据国情向低碳经济社会公平转型；落实南非在气候变化方面的国际承诺和义务；为全人类的利益保护地球等。第二，基本原则。承认各国共同但有区别的责任原则，重视气候变化对人权的影响，体现责任自负原则等。

五、亚洲

（一）日本

1. 气候治理目标

2021 年 10 月，日本在向公约秘书处提交的更新的国家自主贡献中承诺，到 2030 年温室气体排放量比 2013 年减少 46%。2021 年 10 月，日本发布《巴黎协定下的长期战略》，提出将温室气体减少到净零，即到 2050

年实现碳中和的目标。运用政策措施应对气候变化是转变产业结构和实现强劲增长的关键，政府应在制定应对气候政策措施的整体框架和协调实施方面发挥作用。随着世界范围内脱碳领域的竞争日益激烈，该战略有利于日本占领脱碳技术市场。与此同时，日本将通过发展新型区域和转变人们的生活方式，实现社会经济转型，从而创造对碳中和的需求。

2. 气候政策框架

日本认为，把全球变暖作为经济增长的制约因素或外生问题来看待的时代已经过去，国际社会已经进入了一个新时代，产业的绿色转型可以给日本经济带来新机会，有利于其经济可持续发展。因而其实行的是以增长为导向的碳定价，目标为实现以增长为导向的碳减排。

2016年，日本发布了《全球变暖对策计划》，提出以《巴黎协定》和国家自主贡献为基础，全面、战略性地推进应对全球变暖措施。2021年10月，日本对该计划进行了更新，设立了到2030年比2013年减少46%的温室气体排放以及到2050年实现碳中和的目标，为日本未来全球变暖对策的发展奠定了基础。

2023年2月，日本出台了《实现绿色转型的基本方针》，并于5月12日通过了《促进向脱碳增长型产业结构平稳过渡法》（以下简称《GX推进法》）。以《GX推进法》为基础，日本2023年7月28日通过了《促进向低碳化增长型经济结构转型的战略》（《GX（绿色转型）推进战略》），提出在确保能源供应稳定的前提下，努力实现去碳化；实施以增长为导向的碳定价，包括发行气候转型债券、实行ETS、从2027年起对化石燃料进口商征收碳税等措施以激励绿色转型投资，确保与人民生活和经济活动相关的基础能源供应稳定，同时实现经济增长。

2023年10月，日本成立GX（绿色转型）专家工作组，并在东京证券交易所启动碳信用市场。2024年5月13日，日本宣布，将在年内制定旨在表明2040年脱碳和产业政策方向的国家战略《GX（绿色转型）2040愿景》，使企业更容易制定投资计划。为应对数据中心等耗电量大的投资项目，日本政府还将实施扩大可再生能源和核电等"脱碳电源"的举措。

（二）印度尼西亚

1. 气候治理目标

2022 年 9 月，印度尼西亚向公约秘书处提交的更新后的国家自主贡献承诺，将在 2030 年前无条件减少温室气体排放 31.89%，有条件（即得到充分国际资金、技术转让、发展和能力建设等支持）减少温室气体排放 43.20%。2021 年 7 月，印度尼西亚在向公约秘书处提交的《2050 年低碳和气候韧性长期战略》中承诺，2060 年前实现净零排放。为实现这些目标，印度尼西亚鼓励发展可再生能源、提高能效并加速燃煤电厂退役。

2. 气候治理政策

2021 年 10 月，印度尼西亚颁布第 98 号总统条例《关于碳经济价值工具的文件》，提出四项碳定价机制，分别为碳交易、碳税、基于成果的支付（result – based payment，RBP）、根据科学技术发展而定的其他机制。其中，前三项较为明确的机制构成了印度尼西亚现有碳定价机制体系，第四项机制并未说明具体内容，意在为后续新政策留有余地。

（三）新加坡

新加坡地处赤道附近，地势低洼、气候炎热潮湿。特殊的地理环境，使新加坡受全球气候变化的影响非常严重。新加坡气候研究中心于 2024 年 1 月发布的《第三次国家气候变化研究》预测，到 21 世纪末新加坡和东南亚的气温将变得更高，平均海平面上升将加速。这与政府间气候变化专门委员会（IPCC）第一工作组第六次评估报告（AR6）的调查结果一致。自 1965 年以来，新加坡政府就积极采取了相应措施，以实现经济增长和环境保护的双重目标。

1992 年 5 月，新加坡启动首个《新加坡绿色计划》，这是新加坡的第一个环境蓝图，由当时的环境部（现为环境和水资源部，MEWR）发布，目标是确保能够形成不损害环境的经济增长模式。2002 年，第二个绿色计划（SGP 2012）启动，目标是帮助新加坡实现环境可持续性。2021 年，新加坡发布了《新加坡绿色计划 2030》，对未来十年的可持续发展进行了系统且详细的规划，该计划加强了新加坡在联合国 2030 年可持续发展议程和《巴黎协定》下的承诺，并使其能够到 2050 年实现长期净零排放目标。2020 年 3 月 31 日，新加坡发布《长期低排放发展战略》，宣布在 2030 年左右达到 6500 万吨二氧化碳当量的排放峰值，力求到 2050 年将碳排放量从峰值减少一半，以期在 21 世纪下半叶尽快实现净零排放。2022 年，在此前的《长期低排放发展战略》的基础上，新加坡发布长期低排放发展战略附录，更新并强化了碳中和目标，宣布到 2030 年达到 6000 万吨二氧化碳当量的排放目标，在 2050 年实现净零排放，这也被写入新加坡提交给公约秘书处更新后的国家自主贡献里面。为应对气候变化，该国于 2018 年通过《碳税法案》，后又多次对其进行修订。

（四）韩国

2021 年 12 月，韩国在提交给公约秘书处的国家自主贡献中承诺，将动用国内外所有减排手段，最大限度地减少工业、建筑、交通、畜牧业、渔业等部门的温室气体排放，到 2030 年，年均减排温室气体 4.17%、新可再生能源比例提高至 30%。

2010 年，韩国出台《低碳绿色增长框架法》，韩国碳市场（K - ETS）就是根据该法建立的，该法的宗旨是将绿色技术和绿色产业作为经济增长的新引擎，实现经济和环境的协调发展，通过建立绿色低碳社会，使韩国成为履行国际社会责任的一流先进国家。2021 年 8 月 31 日，韩国国民议会通过《碳中和与绿色增长框架法》，2022 年 3 月 25 日开始实施，该法明确提出 2050 年实现碳中和，韩国也因此成为第 14 个将 2050 碳中和目标法治化的国家。该法包含了实施碳中和的各种政策选项，包括进行气候影响评估、在起草国家预算时设定减排目标、设立气候应对基金等。另外，该法包括促进公正过渡的详细政策措施，旨在保护低碳转型期间易受影响的地区和群体如煤炭和内燃机汽车行业的工人。

第六章　世界典型国家和地区碳定价——欧洲篇

世界典型国家和地区碳定价的相关规定内容较多，本书将其分为欧洲国家与非欧洲国家两章。前已述及，欧洲国家最早引入碳定价。从碳税来看，芬兰、荷兰于1990年引入碳税，是世界上引入碳税最早的两个国家。很长一段时间，引入碳税的都是欧洲国家。在21个欧洲国家引入碳税后，日本才于2012年引入碳税，之后美洲的墨西哥等国、亚洲的新加坡等国，以及非洲的南非引入碳税。从碳市场来看，欧盟于2005年第一个实施碳排放权交易，之后其他国家或地区才实施。

一、欧盟及其成员国

欧盟27国中，丹麦、爱沙尼亚、芬兰、法国、匈牙利、爱尔兰、拉脱维亚、卢森堡、荷兰、波兰、葡萄牙、斯洛文尼亚、西班牙、瑞典共14个国家除适用EU ET外，还引入碳税。奥地利、德国在EU ETS之外推出本国层面的ETS。比利时、保加利亚、塞浦路斯、捷克、克罗地亚、希腊、意大利、罗马尼亚、立陶宛、马耳他、斯洛伐克共11个国家仅适用EU ETS。

（一）欧盟碳市场

欧盟层面没有统一的碳税，以下为欧盟碳市场的相关规定。

1. 简介

自 2005 年开始实施的欧盟碳排放交易制度是欧盟减排政策的基石。2023 年，欧盟根据《欧洲绿色新政》修订了 ETS，以使其与 2030 年的气候目标保持一致，并将其作为欧盟应对俄乌冲突造成的能源危机计划（REPowerEU）的一部分。REPowerEU 是在 2022 年俄乌冲突爆发导致俄气供应急剧减少、全球油气价格飙升的背景下推出的，旨在节约能源、实现能源供应多样化、生产清洁能源，逐步淘汰俄罗斯的化石燃料进口。该计划推出 2 年来取得的成绩包括：气体消耗量减少了 18%；克服了对俄罗斯化石燃料的依赖；获得了安全和负担得起的能源；风能和太阳能发电量首次超过了天然气发电量；可再生能源安装量增加。

未来 10 年是欧盟推动实现 2030 年减排 55% 的目标和 2050 年实现气候中和的关键时期，在此阶段出台 ETS 的改革措施，体现了其率先减排的主动意愿和致力于引领全球气候行动的战略意图。2023 年，EU ETS 涵盖了在欧盟运营的 10000 多个设施和航运公司的排放，约占欧盟温室气体排放总量的 38%。EU ETS 的拍卖收入已超过 1520 亿欧元，成员国将该部分收入用于支持可再生能源的发展、提升能源效率和支持低排放交通项目等，以及解决能源危机对消费者和行业的负面影响。

2. 限额

欧盟碳市场为限额与贸易模式。限额为受管控实体可排放温室气体的最大数量，每年减少，以确保欧盟实现总体减排目标。碳市场运行的第一阶段（2005—2007 年），欧盟缺乏关于成员国排放水平的足够信息，由各成员国自行制定限额并由欧盟委员会批准；第二阶段（2008—2012 年），继续由各成员国自行制定限额；第三阶段（2013—2020年），经过前两个阶段的运行，欧盟已经掌握了相关信息，其取代成员国确定排放限额以减少成员国过度分配配额的可能性；第四阶段（2021—2030年），继续由欧盟制定限额。

第一阶段开始时的2005年，限额为20.96亿吨二氧化碳当量。第二阶段开始时的2008年，上限为20.49亿吨。第三阶段开始时的2013年，发电和供热以及工业制造的限额为20.84亿吨，期间线性折减因子为1.74%，仅适用于发电和供热以及工业制造。航空部门2012年纳入欧盟碳市场，限额单独确定，2012年为2.21亿吨二氧化碳当量。第四阶段，2021—2023年为2.2%，2024—2027年为4.3%，2028年为4.4%。2024年发电和供热以及工业制造的限额为13.86亿吨二氧化碳当量，海事部门为7840万吨二氧化碳当量，航空部门为2890万吨二氧化碳当量。

3. 配额分配

欧盟碳市场运行的第一阶段（2005—2007年），配额的95%免费发放、5%拍卖；第二阶段（2008—2012年），配额的90%免费发放、10%拍卖；第三阶段（2013—2020年），配额的57%通过拍卖分配；第四阶段（2021—2030年），配额的57%通过拍卖分配，该阶段欧盟推出了CBAM，随着CBAM的实施，欧盟将从2026年开始逐步取消对工业部门的免费配额分配。

4. 覆盖范围

第一阶段（2005—2007年），欧盟碳市场只覆盖电力和高耗能行业，以及《京都议定书》中规定的在温室气体中占比最大的二氧化碳。第二阶段（2008—2012年），欧盟碳市场覆盖的行业范围扩大至航运业；覆盖的国家范围扩展至三个新的非欧盟国家冰岛、列支敦士登和挪威；覆盖的温室气体除了二氧化碳外，扩展至硝酸生产中的一氧化二氮排放。第三阶段（2013—2020年），欧盟碳市场覆盖范围继续扩大至石油化工、氨、黑色和有色金属、石膏及铝等的生产行业，自 2020 年 1 月 1 日起，欧盟碳市场与瑞士 ETS 挂钩。第四阶段（2021—2030 年），2023 年 4 月 18 日，"Fit for 55"一揽子计划中的数项关键立法被欧洲议会批准，于 2023 年 4 月 25 日被欧理事会通过，其中内容之一是自 2024 年将海运纳入欧盟碳市场。到 2026 年底，欧盟委员会还将评估是否从 2028 年起将城市垃圾焚烧产生的排放引入 EU ETS。另外，《新政》决定为建筑、道路交通和其他部门的直接排放建立单独的欧盟碳市场（ETS 2），这些部门主要是尚未被 EU ETS 纳入的小型工业企业。鉴于能源危机的影响，ETS 2 将于 2027 年生效，但如果届时的能源价格被认为异常高，则将推迟到 2028 年实施以保护弱势家庭。欧盟碳市场还设定了覆盖行业的企业纳入碳市场的标准，例如，从 2024 年起，进入欧盟港口的总吨位为 5000 吨及以上的大型船舶适用 EU ETS。

5. 成交价格

在不同的阶段，欧盟碳市场的价格有波动，其中有的年份如 2012—2017 年还比较低，未能发挥欧盟碳市场推动碳减排的作用。在欧盟实行缩紧限额、推出市场稳定机制等措施后，价格虽然还有波动，整体呈现上涨趋势。2005—2024 年，欧盟碳市场成交价格如图 6-1 所示。

（美元/吨二氧化碳当量）

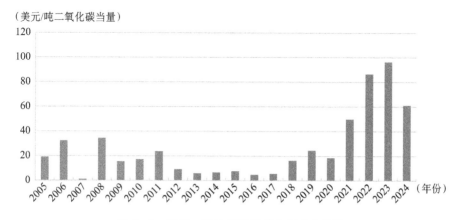

图 6-1　2005—2024 年欧盟碳市场成交价格

资料来源：World Bank Group. State and Trends of Carbon Pricing Dashboard［EB/OL］.（2024-08-01）［2024-08-26］. https：//carbonpricingdashboard. worldbank. org/compliance/price.

6. 市场稳定机制

在欧盟碳市场的第三阶段，欧盟于 2019 年 1 月起引入市场稳定储备（MSR），即在流通中的配额数量高于 8.33 亿个时从市场上取消配额，在流通中的配额数量低于 4 亿个时则向市场注入配额。该期间价格在波动中上升，从 2013 年的 6.06 美元上升到 2020 年的 18.53 美元。

（二）法国碳税

法国适用 EU ETS，并未推出本国层面的 ETS。法国开征了碳税，以下为碳税的相关规定。

1. 简介

2014 年，法国引入碳税，它不是一项独立的税种，而是包含在能源产品国内消费税（TICPE）、天然气消费国内税（TICGN）、煤炭国内消费税（TICC）三个税种之中。2015 年 8 月，法国颁布了《能源过渡到绿色增长法》，提出到 2030 年温室气体排放量相对于 1990 年的水平减少 40% 等目标。为此该法设定了在 2030 年前逐步提高税率的轨迹，最高可达 100 欧元/吨二氧化碳。

2. 征税环节与纳税人

法国将征税环节设在上游，化石燃料的分销商和进口商为纳税义务人。

3. 征税范围

碳税适用于工业、交通、建筑燃烧所有化石燃料排放的二氧化碳。其中，所有化石燃料是指煤、柴油、汽油、煤油、其他石油产品、液化石油气、天然气。

4. 计税依据与税率

法国采用燃料法，以化石燃料的碳含量为计税依据。税率由政府确定，自 2018 年以来稳定在 50 美元/吨二氧化碳左右。2014—2024 年法国碳税税率如图 6-2 所示。

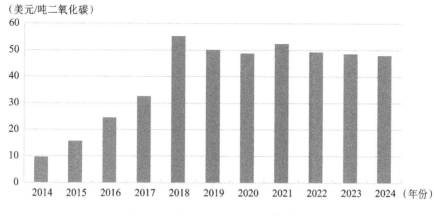

图 6-2　2014—2024 年法国碳税税率

资料来源：World Bank Group. State and Trends of Carbon Pricing Dashboard［EB/OL］.（2024 – 08 – 01）［2024 – 08 – 26］. https://carbonpricingdashboard. worldbank. org/compliance/price.

5. 碳税与 ETS 的关系、税收优惠

碳税是 EU ETS 体系的补充，二者没有交叉。税收优惠有以下三项：（1）EU ETS 覆盖设施使用的燃料、公共交通和货运所用燃料，以及农业和林业所用的液化石油气，适用固定在 2013 年水平的燃料消费税税率，即引入碳税之前的水平，实际上免征碳税。（2）EU ETS 未覆盖的存在碳泄漏风险的工业设施，按 2014 年的燃料消费税水平纳税，其中包括 7 欧元/吨二氧化碳的碳税。（3）某些行业如航运所用的燃料免征消费税，从而免征碳税。

（三）瑞典碳税

瑞典适用 EU ETS，并未推出本国层面的 ETS。瑞典开征了碳税，以下为碳税的相关规定。

1. 简介

瑞典对能源产品征税的历史由来已久。其中，该国自 1924 年以来一直对汽油征收能源税，自 1937 年以来一直对柴油征收能源税，自 20 世纪 50 年代以来一直对煤炭、石油和供暖用电征收能源税。随着对环境的担忧不断增加，瑞典对税制进行了改革，于 1991 年开征碳税，同时降低了能源税、公司所得税与个人所得税的税率。在关于碳税与能源税的关系方面，该国视能源税为碳税的补充，这两项税收塑造了瑞典过去 30 余年的环境与气候政策。

2. 征税环节与纳税人

瑞典将碳税的征税环节放在供应链的上游，由于其不生产化石燃料，因此纳税人为化石燃料的进口商和分销商。碳税覆盖的燃料与能源税相同，这两种税由同一纳税人按照基本相同的行政规则进行纳税申报。这种管理方式极大地方便了税收管理，降低了行政成本。

3. 征税范围

第一，行业范围包括电力和热力、工业、采掘、交通、航运、建筑、农林渔业燃料使用。第二，温室气体范围为二氧化碳。第三，燃料范围除泥煤和生物燃料外的所有化石燃料，包括煤、柴油、汽油、煤油、喷气燃料、其他石油产品、液化石油气、天然气。

4. 计税依据与税率

瑞典采用的是燃料法，碳税的计算依据是化石燃料中的含碳量。2024年，瑞典税率为 127.25 美元/每吨二氧化碳，其他年份税率资料缺失。

5. 碳税与碳市场的关系、税收优惠

自 2022 年起，被 EU ETS 覆盖的所有经营者均免征碳税。瑞典对特定用途的燃料，如发动机或供暖用途以外所用燃料、海事或航运所用燃料（不包括喷气燃料或喷气煤油）、出口燃料和工业用燃料（即非能源用途）等免征碳税。

（四）芬兰碳税

芬兰适用 EU ETS，并未推出本国层面的 ETS。芬兰开征了碳税，以下为碳税的相关规定。

1. 简介

芬兰于 1990 年成为全球首个引入碳税的国家。碳税是能源税的组成部分，其初衷是通过对化石燃料的碳含量征税来减少碳排放。

2. 征税环节与纳税人

芬兰将征税环节设在上游，化石燃料的分销商和进口商为纳税人。

3. 征税范围

碳税适用于工业、采掘、交通、建筑，以及农林渔业燃料使用（柴油、汽油、煤油、其他石油产品、液化石油气、天然气）产生的二氧化碳。

4. 计税依据与税率

芬兰碳税基于燃料法计算，以燃料消耗量为计税依据。自 2011 年起，芬兰税率呈现稳定上升的趋势。1991—2024 年芬兰碳税税率如图 6 - 3 所示。

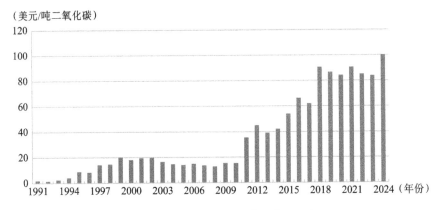

（美元/吨二氧化碳）

图 6 - 3　1991—2024 年芬兰碳税税率

资料来源：World Bank Group. State and Trends of Carbon Pricing Dashboard ［EB/OL］. (2024 - 08 - 01) ［2024 - 08 - 26］. https：//carbonpricingdashboard. worldbank. org/compliance/price.

5. 碳税与碳市场的关系、税收优惠

在芬兰，EU ETS 和碳税覆盖范围存在部分重叠，为了减轻这种重叠导致的双重征税负担，芬兰对联合供热和发电（combined heat and power，CHP）企业给予减税优惠。

（五）德国 ETS

德国为欧盟成员国，适用 EU ETS，又于 2021 年启动了针对供暖和交通燃料的国家碳市场。德国没有实行碳税，以下为国家碳市场的相关规定。

1. 简介

前已述及，2013 年欧盟出台了责任共担条例（European Effort Sharing Regulation，ESR），为 EU ETS 未覆盖的部门如交通（铁路交通和公路交通，不包括航运和海运）、建筑（尤其是供暖）、农业和废弃物等制定了具有约束力的减排目标。欧盟希望通过这种方式，确保所有经济部门都分担减排责任。ESR 与 EU ETS 共同构成欧盟减排的履约规制，以实现欧盟整体减排目标。

为确保公平公正，欧盟在确定各成员国的 ESR 减排目标时以人均 GDP 为分配依据，人均 GDP 越高，被分配的减排指标越多。若成员国未遵守其年度减排指标，必须提交纠正行动计划（corrective action plan），详细解释未能履约的原因，并评估用于气候行动的资金的使用情况，同时必须以高成本向超额完成气候目标的成员国购买配额以抵消未能达成的指标。

在责任共担条例实施后的几年里，德国均未能完成减排目标，需要从其他国家购入相关指标。为此，2019 年 12 月，德国出台《燃料排放权交易法》；2021 年，根据该法设立全国碳市场（nEHS）。nEHS 是《2030 年气候行动计划》的一部分，是德国为实现其 2030 年气候目标和 2050 年碳中和目标而采取的更广泛的国家一揽子气候措施的一部分。EU ETS 2 于2027 年生效后，nEHS 将与其合并。nEHS 的所有收入都进入政府的"气候与转型基金"（Klima - und Transformationsfonds，KTF），该基金用于支持气候保护计划下的措施，包括用于激励气候友好型交通和节能建筑等项目，以及对工业或家庭的直接援助。

2. 限额

nEHS 为限额与交易模式，2022 年为 2.91 亿吨二氧化碳。

3. 配额分配

无免费分配配额，企业需要按规定价格购买配额。

4. 覆盖范围

nEHS 是对 EU ETS 的补充，覆盖的行业包括电力和热力、工业、采掘、交通、航运、建筑、农林渔业燃料使用、垃圾焚烧（自 2024 年 1 月纳入）；覆盖的燃料包括煤、柴油、汽油、煤油、其他石油产品、液化石油气、天然气；覆盖的温室气体仅为二氧化碳；2023 年覆盖的实体数量为 2000 个。

5. 成交价格

德国将 ETS 的价格分为两个阶段。

（1）固定价格阶段（2021—2025 年）。配额以固定价格出售，2021 年为 25 欧元（27.03 美元）/吨二氧化碳、2022 年为 30 欧元（32.44 美元）/吨二氧化碳、2023 年为 30 欧元（32.44 美元）/吨二氧化碳、2024 年为 45 欧元（48.66 美元）/吨二氧化碳、2025 年为 55 欧元（59.47 美元）/吨二氧化碳。其中，因能源危机，2023 年价格暂停上调。

（2）拍卖阶段（2026 年起）。德国规定了价格区间，最低价格为 55 欧元（59.78 美元）/吨二氧化碳，最高价格为 65 欧元（70.65 美元）/吨二氧化碳。

6. 市场稳定条款

无论是 2021—2025 年实行的固定价格，还是自 2026 年起适用的价格区间，都有利于稳定市场价格。

（六）丹麦碳税

丹麦适用 EU ETS，并未推出本国层面的 ETS。丹麦开征了碳税，以下为碳税的相关规定。

1. 简介

1990 年，丹麦通过了《能源 2000》计划，设定了在 2005 年之前二氧化碳排放量比 1988 年的水平减少 20% 的目标。为了实现这一目标，丹麦于 1992 年开征碳税，旨在提高公众对气候变化的关注，并通过经济激励减少碳密集型能源的消耗。丹麦碳税是 EU ETS 的补充，适用于 EU ETS 未覆盖的大部分燃料，从而形成全面的碳排放控制策略。

2. 征税环节与纳税人

碳税的征税环节有两个。一是上游。化石燃料的分销商和进口商为纳税人。二是点源。如果分销商或进口商将燃料销售给另一家已根据相关燃油税法案注册的公司，则该注册公司为纳税人。

3. 征税范围

碳税适用于电力和热力、工业、交通、建筑、航运以及农林渔业燃料使用排放的全部温室气体，适用的燃料包括煤炭、柴油、汽油、煤油、喷气燃料、其他石油产品、液化石油气、天然气、废物燃料。

4. 计税依据与税率

丹麦碳税基于燃料法计算，以燃料消耗量为计税依据。自 2008 年以来，丹麦税率稳定在较高水平上，1992—2024 年丹麦碳税税率如图 6 - 4 所示。2024 年，丹麦碳税税率为 28.20 美元/吨二氧化碳当量。

5. 碳税与 ETS 的关系、税收优惠

丹麦对绝大部分被 EU ETS 覆盖的设施给予减免税优惠。

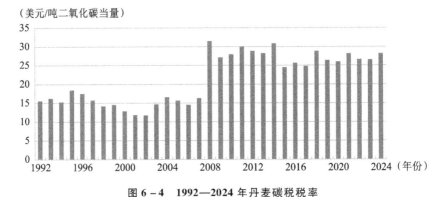

图 6 - 4   1992—2024 年丹麦碳税税率

资料来源：World Bank Group. State and Trends of Carbon Pricing Dashboard［EB/OL］. （2024 -
08 - 01）［2024 - 08 - 26］. https：//carbonpricingdashboard. worldbank. org/compliance/price.

6. 未来的税制改革

政府已与其他几方达成协议，从 2025 年开始实行新的碳税。新的碳税
将同时适用于被 EU ETS 覆盖和不被 EU ETS 覆盖的企业，但税率不同。不
被 EU ETS 覆盖的企业适用的税率自 2025 年提高至 350 丹麦克朗（51 美
元）/吨二氧化碳，自 2030 年起提高至 750 丹麦克朗（109.48 美元）/吨
二氧化碳。被 EU ETS 覆盖的企业适用的税率自 2025 年起提高至 75 丹麦
克朗（54.74 美元）/吨二氧化碳，自 2030 年起提高至 375 丹麦克朗
（54.74 美元）/吨二氧化碳；对于特定类型的企业适用低税率，其中 2025
年为 100 丹麦克朗（14.6 美元）/吨二氧化碳，2030 年提高到 125 丹麦克
朗（18.24 美元）/吨二氧化碳。

（七）荷兰碳税

荷兰适用 EU ETS，并未推出本国层面的 ETS。荷兰开征了碳税，以下
为碳税的相关规定。

1. 简介

荷兰自 2021 年起引入了一系列碳税，包括工业二氧化碳税（2021

年)、电力最低碳价(2022 年)和工业最低碳价(2023 年),其中,电力最低碳价和工业最低碳价是 EU ETS 市场价格的下限。鉴于 EU ETS 的价格仍远高于最低碳价水平,2023 年价格下限没有被激活。

2. 征税环节与纳税人

荷兰将征管环节设在设施层面(点源),排放二氧化碳等温室气体的设施的经营者为纳税人。

3. 征税范围

第一,行业范围包括电力和热力、工业、采掘、垃圾处理。第二,温室气体范围包括二氧化碳、一氧化二氮。第三,燃料范围包括煤炭、柴油、汽油、煤油、喷气燃料、其他石油产品、液化石油气、天然气、废物燃料、非燃料排放物。

4. 计税依据与税率

碳税适用直接排放法,以企业排放的二氧化碳为计税依据。荷兰碳税税率是逐步提高的,2021—2024 年的税率分别为 35.23 美元/吨二氧化碳当量、46.14 美元/吨二氧化碳当量、60.83 美元/吨二氧化碳当量、71.48 美元/吨二氧化碳当量。

5. 碳税与 ETS 的关系、税收优惠

(1)碳税与 ETS 的关系。荷兰的工业二氧化碳碳税、电力最低碳价和工业最低碳价都是对 EU ETS 下碳价的补充,其中,电力最低碳价和工业的最低碳价仅在 EU ETS 价格低于设定的最低碳价时适用,企业需支付 EU ETS 价格与最低碳价之间的差额。

(2)税收优惠。地区供暖设施或温室园艺设施,以及用于发电的设施等,免缴碳税。

（八）波兰碳税

波兰适用 EU ETS，并未推出本国层面的 ETS。波兰开征了碳税，以下为碳税的相关规定。

1. 简介

波兰 1990 年引入碳税。碳税是《环境保护法》的一部分，是环境政策和应对气候变化的关键工具，旨在减少温室气体排放，提高能源效率，并为国家创造收入。波兰规定，碳税收入专门用于环境支出。

2. 征税环节与纳税人

波兰将征税环节设置在设施层面（点源），排放温室气体设施的经营者有责任缴纳税款。

3. 征税范围

碳税适用于所有行业排放的所有温室气体，适用的燃料包括煤、柴油、汽油、煤油、其他石油产品、天然气、非燃料排放。

4. 计税依据与税率

波兰采用直接排放法，根据二氧化碳实际排放量计算征税。自碳税开征以来，税率一直很低，1994—2023 年波兰碳税税率如图 6-5 所示。

5. 碳税与碳市场的关系、税收优惠

EU ETS 覆盖的运营商免缴碳税。但是，那些获得免费配额的设施有责任支付与其免费获得的配额相对应的碳税。另外，如果根据《环境保护法》纳税人的年度应缴税额低于 800 兹罗提，则免征碳税。

（美元/吨二氧化碳当量）

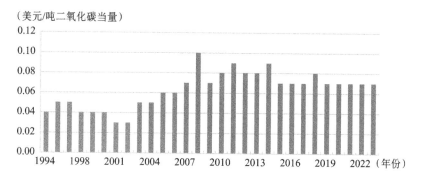

图 6 - 5　1994—2023 年波兰碳税税率

注：该国自 1990 年引入碳税，尚未找到 1990—1993 年、2024 年的税率资料。

资料来源：World Bank Group. State and Trends of Carbon Pricing Dashboard［EB/OL］.（2024 - 08 - 01）［2024 - 08 - 26］. https://carbonpricingdashboard. worldbank. org/compliance/price.

（九）葡萄牙碳税

葡萄牙适用 EU ETS，并未推出本国层面的 ETS。葡萄牙开征了碳税，以下为碳税的相关规定。

1. 简介

2014 年，葡萄牙通过《绿色税收法》，改革能源部门税制以使其与该国脱碳目标保持一致。作为《绿色税收法》的一部分，葡萄牙于 2015 年引入碳税，旨在实现经济脱碳并鼓励使用污染较少的能源。碳税作为 EU ETS 的补充，覆盖了该国约 26% 的温室气体排放量。

2. 征税环节与纳税人

就航运行业而言，纳税人为飞机运营商。如果飞机运营商未知，则纳税人为飞机的注册人。关于其他行业纳税人的规定，尚未找到。

3. 征税范围

第一，行业范围包括工业、电力和热力、建筑、采掘、交通等。第二，温室气体范围包括二氧化碳。第三，燃料范围为所有化石燃料，包括煤、柴油、汽油、煤油、喷气燃料、其他石油产品、液化石油气、天然气。

4. 计税依据与税率

葡萄牙采用燃料法，以燃料含碳量为计税依据。葡萄牙碳税的一个独特之处在于，税率与上一年欧盟碳市场的平均配额价格挂钩。

5. 税收优惠、碳税与 ETS 的关系

碳税是作为更广泛的绿色税收改革计划的一部分引入的，是 EU ETS 的补充，通常适用于 EU ETS 未覆盖的行业，EU ETS 覆盖的设施有资格获得退税。

（十）卢森堡碳税

卢森堡适用 EU ETS，并未推出本国层面的 ETS。卢森堡开征了碳税，以下为碳税的相关规定。

1. 简介

卢森堡于 2021 年开始实施碳税，是《2021—2030 年综合国家能源与气候计划》的一部分，被用于应对气候变化并实现国家的减排目标。碳税收入将用于气候治理，推动能源转型，并为低收入者提供社会支持，以减轻政策对其生活成本的影响。

2. 征税环节与纳税人

卢森堡将征税环节设在上游，化石燃料的分销商为纳税人。

3. 征税范围

碳税适用于交通、工业、建筑、采掘排放的二氧化碳，适用于煤、煤

油、液化石油气、汽油、柴油、天然气等化石燃料。

4. 计税依据与税率

卢森堡采用燃料法，以燃料消耗量为计税依据。卢森堡税率逐步提高，2021—2024 年税率分别为 40.12 美元/吨二氧化碳当量、43.34 美元/吨二氧化碳当量、45 美元/吨二氧化碳税率、49.90 美元/吨二氧化碳当量。

5. 碳税与碳市场的关系、税收优惠

碳税是对 EU ETS 的补充。另外，用于发电的化石燃料、工业过程中使用的燃料免征碳税。

（十一）斯洛文尼亚碳税

斯洛文尼亚适用 EU ETS，并未推出本国层面的 ETS。斯洛文尼亚开征了碳税，以下为碳税的相关规定。

1. 简介

斯洛文尼亚碳税附加在国内能源消费税之上，自 1996 年首次实施。随着能源价格的不断攀升，该国于 2022 年 7 月暂时停征了该税种。随着能源市场的变化，该国于 2023 年 5 月重新启动了碳税。

2. 征税环节与纳税人

斯洛文尼亚将征税环节设在上游，所覆盖化石燃料的分销商和进口商为纳税人。

3. 征税范围

碳税适用于交通和建筑行业排放的二氧化碳，适用的燃料包括煤炭、柴油、汽油、煤油、其他石油产品、液化石油气、天然气。

4. 计税依据与税率

斯洛文尼亚采用燃料法，2024 年碳税的税率为 18.59 美元/吨二氧化碳。1996—2024 年斯洛文尼亚碳税税率如图 6-6 所示。

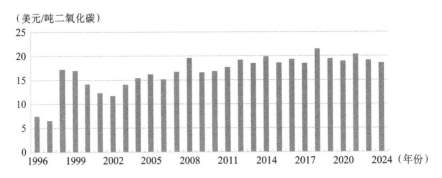

图 6-6　1996—2024 年斯洛文尼亚碳税税率

注：2023 年税率资料缺失。

资料来源：World Bank Group. State and Trends of Carbon Pricing Dashboard［EB/OL］.（2024 - 08 - 01）［2024 - 08 - 26］. https://carbonpricingdashboard. worldbank. org/compliance/price.

5. 碳税与碳市场的关系、税收优惠

碳税是 EU ETS 的补充，两者的覆盖范围互不交叉。斯洛文尼亚规定，航运交通中使用的燃料（私人航班除外）免税；出口至欧盟以外国家或运往其他欧盟成员国的燃料免税；符合条件的设施所使用的燃料免税。

（十二）拉脱维亚碳税

拉脱维亚适用 EU ETS，并未推出本国层面的 ETS。拉脱维亚开征了碳税，以下为碳税的相关规定。

1. 简介

自 2004 年开始实施的碳税是《自然资源税法》的重要组成部分。该

法的主要目标是促进自然资源的高效利用，减少环境污染物的生产和销售，鼓励和推动环保技术的应用，支持经济的可持续发展，并为环境保护措施提供必要的资金保障。

2. 征税环节与纳税人

拉脱维亚将征税环节设在上游，所覆盖的化石燃料的分销商和进口商为纳税人。

3. 征税范围

碳税适用的行业范围为电力和热力、工业、采掘；适用的气体范围为二氧化碳；适用的燃料范围包括煤炭、柴油、汽油、煤油、其他石油产品、液化石油气、天然气。

4. 计税依据与税率

尚未找到拉脱维亚计税依据的资料。2004 年征收碳税之初该国碳税较低，2004—2019 年一直维持在较低的水平上，2020 年税率大幅提高并稳定在较高水平上，2024 年为 16.12 美元/吨二氧化碳。2004—2024 年拉脱维亚碳税税率如图 6 - 7 所示。

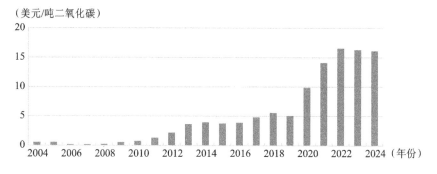

图 6 - 7 2004—2024 年拉脱维亚碳税税率

资料来源：World Bank Group. State and Trends of Carbon Pricing Dashboard［EB/OL］.（2024 - 08 - 01）［2024 - 08 - 26］. https：//carbonpricingdashboard. worldbank. org/compliance/price.

5. 碳税与碳市场的关系、税收优惠

第一，碳税与 ETS 的关系。碳税作为 EU ETS 的重要补充，主要适用于未被 EU ETS 覆盖的燃料。第二，税收优惠。拉脱维亚对特定燃料和设施给予减免税优惠，如用于发电的煤炭、木炭和褐煤免税。

（十三）爱沙尼亚碳税

爱沙尼亚适用 EU ETS，并未推出本国层面的 ETS。爱沙尼亚开征了碳税，以下为碳税的相关规定。

1. 简介

爱沙尼亚碳税是《环境收费法》的一部分，于 2000 年开征，旨在减少碳排放。

2. 征税环节与纳税人

爱沙尼亚将征收环节设在设施层面（点源），排放温室气体设施的经营者为纳税人。

3. 征税范围

碳税适用于工业、电力化石燃料燃烧产生的直接二氧化碳排放，燃料包括煤、柴油、汽油、煤油、其他石油产品、液化石油气、天然气，不包括生物燃料。另外，爱沙尼亚也对非燃料排放征税。

4. 计税依据与税率

爱沙尼亚采用直接排放法，计税依据为化石燃料燃烧产生的二氧化碳排放量。爱沙尼亚碳税税率水平一直都非常低，2000—2024 年爱沙尼亚碳税税率如图 6-8 所示。

（美元/吨二氧化碳）

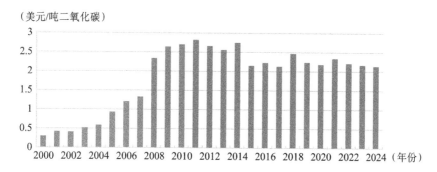

图 6 - 8　2000—2024 年爱沙尼亚碳税税率

资料来源：World Bank Group. State and Trends of Carbon Pricing Dashboard［EB/OL］.（2024 - 08 - 01）［2024 - 08 - 26］. https：//carbonpricingdashboard. worldbank. org/compliance/price.

5. 碳税与碳市场的关系、税收优惠

EU ETS 涵盖的工业设施燃料排放的温室气体免征碳税。

（十四）爱尔兰碳税

爱尔兰适用 EU ETS，并未推出本国层面的 ETS。爱尔兰开征了碳税，以下为碳税的相关规定。

1. 简介

2008 年 9 月，在全球金融危机发生后，爱尔兰政府为爱尔兰银行的债务提供了广泛的国家担保。由于债务规模不断上升，公共财政难以满足担保要求，爱尔兰被迫在 2010 年 11 月与欧洲中央银行、欧盟委员会和国际货币基金组织（称为"三驾马车"）签订了救助计划。这些组织共同为爱尔兰提供财政支持，条件是爱尔兰采取增加收入的措施。在此背景下，爱尔兰加快了 2007 年已经原则上同意的碳税的引入。2010—2012 年，碳税贡献了"三驾马车"所要求的 21.5%—24.6%的税收增长。爱尔兰碳税分为三类：天然气碳税（NGCT）、矿物油税中的碳税（MOTCC）（矿物油税

由碳税和非碳税两部分组成)和固体燃料碳税(SFCT)。其中,2009年12月9日起,爱尔兰对汽车燃料征收MOTCC,标志着碳税的开征;自2010年5月1日,对其他液体燃料征收MOTCC,对天然气征收NGCT;自2013年5月,对固体燃料征收SFCT。碳税开征的目的是减少温室气体排放、提高能源效率、缓解能源贫困并鼓励农业可持续发展。

2. 征税环节与纳税人

爱尔兰将征税环节设在上游,燃料的供应商为纳税人。

3. 征税范围

碳税适用于工业、交通、建筑和农林渔业燃料使用部门排放的二氧化碳。适用的燃料包括:第一,天然气碳税对天然气征收。第二,矿物油碳税对矿物油(汽油和车用柴油)、非汽车矿物油(有标记的柴油、煤油、工业燃料油和液化石油气)、航运汽油和用于休闲飞行的重油征收。第三,固体燃料碳税适用于2013年5月1日或之后在该国销售的煤炭、泥煤、磨碎泥炭和其他泥炭,不含固体燃料成分的木材和木制品。

4. 计税依据与税率

尚未找到爱尔兰计税依据的资料。税率由政府确定,并根据预先确定的轨迹逐年提高。《2020年财政法案》规定,碳税税率从2021年的33.50欧元/吨二氧化碳开始,每年提高7.5欧元/吨二氧化碳,至2030年达到100欧元/吨二氧化碳。2024年碳税税率为56欧元/吨二氧化碳,折合60.19美元/吨二氧化碳。2010—2024年爱尔兰碳税税率如图6-9所示。

5. 碳税与碳市场的关系、税收优惠

(1)碳税与碳市场的关系。碳税是对EU ETS的补充,涵盖了EU ETS未覆盖的燃料燃烧产生的二氧化碳排放,EU ETS所覆盖的大部分排放则免征或减征碳税。

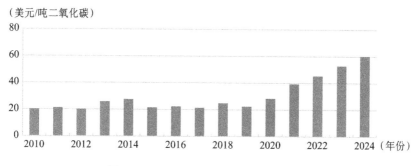

图 6 - 9　2010—2024 年爱尔兰碳税税率

资料来源：World Bank Group. State and Trends of Carbon Pricing Dashboard ［EB/OL］. （2024 -
08 - 01）［2024 - 08 - 26］. https：//carbonpricingdashboard. worldbank. org/compliance/price.

（2）税收优惠。第一，发电（不包括热电联产）、特定工业过程（化学还原、电解和冶金过程）、商业海洋捕鱼所用的燃料，以及航运所用的喷气燃料免税。第二，自 2024 年 4 月 1 日起，销售并用于园艺生产或蘑菇种植的天然气免征 NGCT。第三，如果个人购买固体燃料燃烧、仅供个人使用且个人与燃料一同进入爱尔兰，则无须缴纳 SFCT。第四，当特定固体燃料首次用于制造固体燃料产品的原材料时无须缴纳 SFCT，前提是固体燃料产品具有与其生产所用特定固体燃料不同的特性。第五，开采泥炭供自己使用的企业也无须缴纳 SFCT。

（十五）西班牙碳税

西班牙适用 EU ETS，并未推出本国层面的 ETS。西班牙开征了碳税，以下为碳税的相关规定。

1. 简介

2014 年，西班牙引入碳税，该税的征税范围狭窄，仅对氟化气体征收（占该国温室气体排放总量的 2%），旨在遏制氟化温室气体的排放。

2. 征税环节与纳税人

西班牙将征税环节设在上游,氟化物的制造商、进口商和欧盟内部采购者负责缴纳碳税。

3. 征税范围

碳税适用于工业排放的氟化气体,包括氢氟碳化物、全氟化碳、六氟化硫。氟化气体不是通过燃烧化石燃料产生的,而是在工业活动中产生的。

4. 计税依据与税率

碳税仅对氟化物的制造、进口和欧盟内部采购征收,因而可以认为,西班牙既未采用燃料法,也未采用直接排放法。碳税的计税依据是氟化气体的重量,以千克表示,对于无法获得必要数据的产品、设备或器具,运用推定法确定计税依据。西班牙 2014—2018 年的税率较高,在 2019 年下降后一直维持在较低水平。2014—2024 年西班牙碳税税率如图 6 - 10 所示。

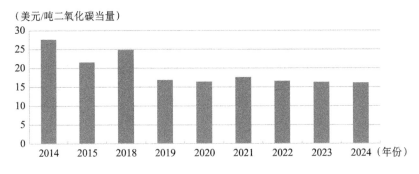

图 6 - 10 2014—2024 年西班牙碳税税率

注:2016 年和 2017 年税率资料缺失。

资料来源:World Bank Group. State and Trends of Carbon Pricing Dashboard [EB/OL]. (2024 - 08 - 01) [2024 - 08 - 26]. https://carbonpricingdashboard. worldbank. org/compliance/price.

5. 碳税与碳市场的关系、税收优惠

（1）碳税与碳市场的关系。碳税是对 EU ETS 的补充，涵盖了碳排放交易体系未覆盖的温室气体排放。

（2）税收优惠。铝生产过程中、军事和国际航运中产生的氟化温室气体、全球变暖潜能值低于 150 的含氟气体的出口，均免征碳税。

（十六）匈牙利碳税

匈牙利适用 EU ETS，并未推出本国层面的 ETS。匈牙利开征了碳税，以下为碳税的相关规定。

1. 简介

2023 年 7 月 7 日，匈牙利颁布第 320/2023 号政府法令规定，对在 2023 年及以后的纳税年度获得大量免费配额的设施的经营者适用碳税，纳税义务追溯适用于 2022 年 12 月 31 日之后开始的整个纳税年度。所谓"获得大量免费配额的设施的经营者"是指企业经营的设施获得的免费配额至少等于其在本年度之前的 3 个年度中平均二氧化碳排放量的 50%，且在此期间的年平均二氧化碳排放量超过 1 万吨。

2. 征税环节与纳税人

匈牙利将碳税的征税环节设在设施层面（点源），免费获得至少 50% 碳排放配额且年温室气体排放量超过 2.5 万吨二氧化碳当量的设施经营者为纳税人。

3. 征税范围

碳税适用于电力和热力、航运产生的所有温室气体。尚未查到覆盖燃料范围的相关资料。

4. 计税依据与税率

匈牙利采用直接排放法，以二氧化碳排放量为计税依据征税，2024 年税率为 38.69 美元/吨二氧化碳当量，其他年度税率资料缺失。

5. 碳税与碳市场的关系、税收优惠

（1）碳税与碳市场关系。企业的纳税义务与其在 EU ETS 中获得的免费配额数量有关。从这个意义上说，税收制度独立于 EU ETS，但又以 EU ETS 为基础，这两种机制是相互联系的。

（2）税收优惠。下列情况下，碳税税基可减少 50%：导致二氧化碳排放的生产活动占环境许可证上载明的主要生产活动产能的 90% 以上、与上一年相比主要生产活动的产能没有显著下降，并且单位产出的二氧化碳排放量减少的幅度符合欧盟线性折减系数的要求。

（十七）奥地利 ETS

奥地利为欧盟成员国，适用 EU ETS。奥地利国民议会于 2022 年通过了《生态社会税收改革法案》，提出于 2022 年 7 月建立本国国家层面的碳排放交易制度以实现 2030 年碳中和目标，但因能源价格减免计划的影响推迟至 2022 年 10 月启动。奥地利尚未开征碳税，以下为 ETS 的相关规定。

1. 简介

奥地利分阶段实行 ETS，第一阶段共五年（2022—2026 年），包括引进阶段（2022—2023 年）、过渡阶段（2024—2025 年）、市场阶段（2026 年）。2027 年，随着 EU ETS 2 实施、覆盖上述部门，NEHG 停止实行。2023 年，受管控单位开始按季度上缴配额，收入用作区域气候补助，政府根据居民与基本设施的距离和公共交通的便利程度确定补助金额并一次性支付给居民。

2. 限额

引进和过渡阶段（2022—2025 年），可用配额的数量是无限的。市场阶段（2026 年）配额有上限，但目前上限和年度减少系数尚未确定。

3. 配额分配

第一，引进和过渡阶段（2022—2025 年），配额以每年递增的固定价格出售，其中，2022 年为 30 欧元（32.44 美元）/吨二氧化碳当量，2023 年为 32.50 欧元（35.14 美元）/吨二氧化碳当量，2024 年为 45 欧元（48.66 美元）/吨二氧化碳当量，2025 年为 55 欧元（59.47 美元）/吨二氧化碳当量。第二，市场阶段（2026 年 1 月起），对配额进行拍卖，价格由市场来定。

4. 覆盖范围

NEHG 覆盖当前 EU ETS 未覆盖的建筑、交通等部门，每年排放量少于 1 吨二氧化碳当量的交易参与者可免于履行义务；覆盖所有的温室气体；覆盖的燃料包括煤、柴油、汽油、煤油、其他石油产品、液化石油气、天然气。

5. 成交价格

2023 年、2024 年的成交价格分别为 35.34 美元/吨二氧化碳当量、48.37 美元/吨二氧化碳当量。

6. 市场稳定机制

作为 ETS 引入和过渡阶段的配套措施，奥地利引入市场稳定机制，具体规则是：如果特定年度平均能源价格上涨幅度超过 12.5%，则下一年的配额价格涨幅与最初计划的涨幅相比减少 50%；如果特定年度平均能源价格下降幅度超过 12.5%，则下一年配额价格涨幅与最初计划的涨幅相比增加 50%。由于 2022 年能源价格居高不下，2023 年适用价格稳定机制，该年度的配额价格为 32.50 欧元（35.34 美元）。2023 年，能源价格的变化并未触发价格稳定机制，配额价格回到了预期的路径。

二、非欧盟成员国

（一）挪威碳税

EU ETS 运行的第二阶段（2008—2012 年），三个新的非欧盟国家冰岛、列支敦士登和挪威加入 EU ETS，挪威适用 EU ETS。另外，挪威开征了碳税，以下为碳税的相关规定。

1. 简介

挪威碳税包括矿物油二氧化碳税、大陆架石油活动排放税、氢氟碳化物/全氟化碳排放税、垃圾焚烧二氧化碳排放税，以及自 2023 年起实施的六氟化硫税。碳税与 EU ETS 一起，对温室气体排放进行全面定价，以有效减少温室气体的排放，并推动低碳经济的发展。

2. 征税环节与纳税人

该税设有两个征税环节。第一，上游。化石燃料的生产商、分销商和进口商有责任缴纳二氧化碳碳税和氢氟碳化物、全氟化碳排放税。第二，点源。直接排放污染物的设施如海上石油生产和废物焚烧设施的经营者为纳税人。

3. 征税范围

该税适用于电力和热力、工业、采掘、交通、建筑、航运、农林渔业燃料使用、废物处理等行业排放的二氧化碳、甲烷、氢氟碳化物、全氟化碳和六氟化硫等。适用的燃料包括柴油、汽油、煤油、喷气燃料、其他石油产品、液化石油气、天然气、废物燃料。

4. 计税依据与税率

挪威采用燃料法，以燃料消耗量为计税依据。与世界其他国家相比，挪威碳税税率较高。截至 2024 年 1 月，标准税率为 107.78 美元/吨二氧化碳当量。1991—2024 年挪威碳税税率如图 6 - 11 所示。

（美元/吨二氧化碳当量）

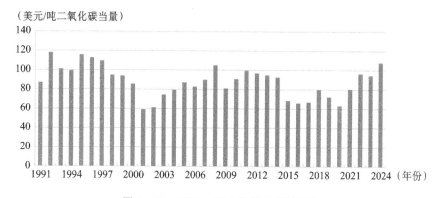

图 6 - 11　1991—2024 年挪威碳税税率

资料来源：World Bank Group. State and Trends of Carbon Pricing Dashboard［EB/OL］. （2024 - 08 - 01）［2024 - 08 - 26］. https：//carbonpricingdashboard. worldbank. org/compliance/price.

5. 税收优惠、碳税与 ETS 的关系

EU ETS 所覆盖的运营商免缴碳税。

（二）列支敦士登碳税

EU ETS 运行的第二阶段（2008—2012 年），三个新的非欧盟国家冰岛、列支敦士登和挪威加入 EU ETS。目前，列支敦士登适用 EU ETS。另外，列支敦士登开征了碳税，以下为碳税的相关规定。

1. 简介

自 1924 年,列支敦士登与瑞士结成关税和货币联盟。2008 年,列支敦士登根据一项与瑞士的双边协定引入碳税,该协定要求列支敦士登将瑞士联邦立法中有关环境税的规定纳入国家法律,在列支敦士登实施类似的碳税,以实现公平竞争。

2. 征税环节与纳税人

列支敦士登将征税环节设在上游,化石燃料的分销商和进口商为纳税人。

3. 征税范围

该税适用于电力和热力、工业、采掘、建筑和交通部门排放的二氧化碳;适用于所有化石燃料,包括煤、柴油、汽油、煤油、其他石油产品、液化石油气、天然气。

4. 计税依据与税率

列支敦士登采用燃料法,以燃料中碳含量为计税依据。截至 2024 年 1 月,碳税的标准税率为 132.12 美元/吨二氧化碳。2008—2024 年列支敦士登碳税税率如图 6 - 12 所示。

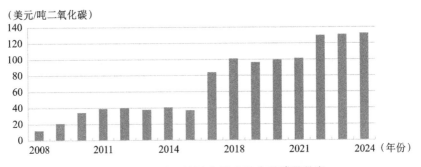

图 6 - 12 2008—2024 年列支敦士登碳税税率

注:2016 年税率资料缺失。

资料来源:World Bank Group. State and Trends of Carbon Pricing Dashboard [EB/OL]. (2024 - 08 - 01) [2024 - 08 - 26]. https://carbonpricingdashboard. worldbank. org/compliance/price.

5. 碳税与碳市场的关系、税收优惠

已被 EU ETS 覆盖的企业可以获得退税。除此以外，任何使用大量化石燃料，或其国际竞争力将因征收碳税而受到损害的能源密集型企业，只要向联邦环境办公室（BAFU）承诺限制二氧化碳排放就可以免除碳税，但如果其未履行对 BAFU 的承诺，则必须偿还已被免除的税款并支付利息；未被 EU ETS 覆盖、没有减排承诺但符合最低环境标准的热力发电厂将获得部分退税。

（三）冰岛碳税

EU ETS 运行的第二阶段（2008—2012 年），三个新的非欧盟国家冰岛、列支敦士登和挪威加入 EU ETS。目前，冰岛适用 EU ETS。另外，冰岛开征了碳税，以下为碳税的相关规定。

1. 简介

2010 年 1 月，冰岛对液体化石燃料征收临时碳税，税率是 EU ETS 价格的 50%。该税原定于 2012 年底到期，后改为无限期地继续征收，并扩大了征税范围，提高了税率。碳税是该国车辆和燃料税制改革的一部分，是冰岛在 20 世纪初全球经济和金融危机之后建设绿色经济的努力的一部分，开征碳税的目的在于推动环保车辆的普及，促进能源节约，减少温室气体排放，并增强国内可再生能源的利用。冰岛碳税主要针对液体和气体化石燃料征收，税率根据通货膨胀指数进行年度调整，以确保政策的适应性和有效性。

2. 征税环节与纳税人

冰岛将碳税的征税环节设在上游，化石燃料的生产商和进口商均为纳税人。

3. 征税范围

第一，适用的行业包括电力和热力、工业、交通、航空、建筑和农林渔业燃料使用等。第二，适用的温室气体有二氧化碳、氢氟碳化合物、全氟化碳。第三，适用的燃料范围有柴油、汽油、煤油、其他石油产品、液化石油气、天然气。

4. 计税依据与税率

冰岛采用燃料法，2024 年碳税的税率为 36.50 美元/吨二氧化碳当量。2010—2024 年冰岛碳税税率如图 6-13 所示，可见其自 2018 年以来税率稳定在较高的水平。

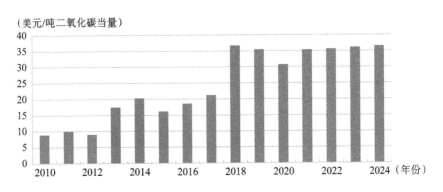

（美元/吨二氧化碳当量）

图 6-13 2010—2024 年冰岛碳税税率

资料来源：World Bank Group. State and Trends of Carbon Pricing Dashboard [EB/OL]. (2024-08-01) [2024-08-26]. https://carbonpricingdashboard. worldbank. org/compliance/price.

5. 碳税与碳市场的关系、税收优惠

冰岛虽未对 EU ETS 所覆盖的行业制定明确的免税条款，但在实际执行中，对煤炭和其他固体化石燃料实行了事实上的免税，这些燃料主要用于被 EU ETS 覆盖的重工业。此外，自 2012 年国内航运业被纳入 EU ETS 后，航运燃料也未被纳入碳税的征收范畴。

（四）英国 ETS 与碳税

1. 英国碳市场

（1）简介。英国脱欧后于 2021 年 1 月 1 日退出了 EU ETS（位于北爱尔兰的电力运营商仍适用 EU ETS），并在同一天启动了英国碳排放交易体系（UK ETS），作为推动其实现净零排放目标的核心工具，UK ETS 的第一阶段将持续到 2030 年。目前，UK ETS 覆盖电力和工业部门约 1000 个设施，以及约 400 家飞机运营商。配额主要通过拍卖分配，有少部分免费分配以降低碳泄漏风险。目前，UK ETS 尚未与任何其他碳市场挂钩。英国政府表示，对未来将本国碳市场与他国碳市场进行连接的可能性持开放态度，但尚未确定连接伙伴。英国脱欧后，欧盟与英国签订的《欧盟—英国贸易与合作协定》规定，各司法管辖区"应认真考虑将各自的碳定价体系联系起来，以保持这些体系的完整性并提供提高其有效性的可能"。英国碳排放交易体系拍卖的收入计入一般预算，不指定用途。

（2）限额。UK ETS 采用限额与交易模式，限额为总的排放量。2024 年的限额为 9210 万吨二氧化碳当量。2023 年 7 月，英国排放交易体系管理局宣布了一揽子改革措施，包括在 2021—2030 年将可用配额减少 30% 等，旨在与政府的气候目标如在 2050 年实现净零排放保持一致。

（3）配额分配。拍卖是配额分配的主要手段，拍卖底价为 22 英镑（27.50 美元），低于该价则不会出售配额。2023 年，英国拍卖了 7900 万个配额，筹集了 42 亿英镑（52 亿美元）资金。根据拍卖日历，2024 年英国将售出 6900 万个配额。另外，政府将一部分配额免费分配给有碳泄漏风险的工业企业。

（4）覆盖范围。第一，覆盖行业有电力和热力、航运、工业、采掘。

其中，航运包括英国境内的航班以及从英国飞往欧洲经济区（EEA）和瑞士的航班。第二，适用的温室气体包括二氧化碳、一氧化二氮、全氟化合物。第三，覆盖的燃料包括煤、柴油、汽油、煤油、喷气燃料、其他石油产品、液化石油气、天然气。另外，英国也对非燃料排放征收碳税。

（5）成交价格。2022 年为 98.99 美元/吨二氧化碳当量，2023 年为 88.12 美元/吨二氧化碳当量，2024 年为 45.06 美元/吨二氧化碳当量。

（6）市场稳定机制。UK ETS 设有成本控制机制（CCM）和拍卖底价（APR），以保证碳市场稳定。如果配额成交价格连续 6 个月是前两年英国有效平均配额成交价格的 3 倍，则触发市场稳定机制，拍卖底价为 22 英镑（27.50 美元）。

2. 碳税

（1）简介。英国实行碳价支持税（carbon price support，CPS），自 2013 年起征收。该税与英国碳排放交易计划（UK ETS）的价格机制协同发挥作用，推动了电力行业碳排放量的迅速下降。

（2）征税环节与纳税人。英国将征税环节设在上游。化石燃料的使用者、生产者或进口商为纳税人。

（3）征税范围。第一，行业范围包括电力和热力。第二，温室气体范围为二氧化碳。第三，燃料范围包括煤炭、柴油、汽油、煤油、其他石油产品、液化石油气、天然气、非燃料排放物。

（4）计税依据与税率。英国采用燃料法，以燃料消耗量为计税依据。截至 2024 年 1 月，碳税税率为 22.61 美元/吨二氧化碳。2013—2024 年英国碳税税率如图 6-14 所示。

（5）碳税与 ETS 的关系、税收优惠。英国的碳定价由 CPS 和 UK ETS 构成，两者互为补充。

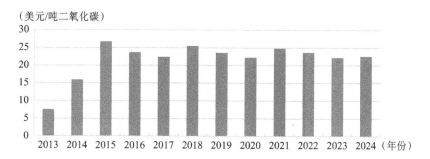

图 6 – 14　2013—2024 年英国碳税税率

资料来源：World Bank Group. State and Trends of Carbon Pricing Dashboard ［EB/OL］. （2024 – 08 – 01）［2024 – 08 – 26］. https：//carbonpricingdashboard. worldbank. org/compliance/price.

（五）瑞士 ETS 与碳税

1. 瑞士碳市场

（1）简介。瑞士于 2008 年实施 ETS，自该年份起的 5 年内，企业自愿加入。自 2013 年，大型能源密集型行业必须加入 ETS，中型行业可以自愿加入。自 2020 年 1 月，瑞士碳市场与欧盟碳市场实现了连接。2023 年 11 月，欧盟和瑞士达成了 2024 年碳市场配额转让安排，从 1 月起实施每日结转。

（2）限额。2023 年，固定装置和航运的上限分别为 450 万吨和 120 万吨二氧化碳。

（3）配额分配。面临碳泄漏风险的排放密集型和（或）贸易密集型（EIET）行业，可获得最高可达基准水平 100% 的免费配额。

（4）覆盖范围。

①覆盖的行业与温室气体包括工业、电力和热力、采掘和航运部门燃料以及工业过程中产生的温室气体（二氧化碳、一氧化二氮、甲烷、氢氟碳化物、三氟化氮、六氟化硫和全氟化碳）排放。

②覆盖企业的标准。第一，该国《二氧化碳条例》附件 6 所列行业总

额定热输入量超过 20 兆瓦的设施，必须参与 ETS；《二氧化碳条例》附件 7 所列行业总额定热输入量超过 10 兆瓦的企业，可以选择加入。第二，航运部门。对于商用飞机，上一年排放量超过 10000 吨二氧化碳或在 4 个月内运营超过 243 次航班的运营商必须加入 ETS；对于非商用飞机，排放量超过 1000 吨二氧化碳的运营商必须加入 ETS。如果运营商适用 EU ETS，则这些标准不适用。

③覆盖的燃料包括煤、柴油、汽油、煤油、其他石油产品、液化石油气、天然气。另外，也覆盖非燃料产生的碳排放。

（5）成交价格。瑞士成交价格在 ETS 实行中期有波动，2019—2023 年呈现良好的上涨势头。2011—2024 年瑞士 ETS 成交价格如图 6 - 15 所示。

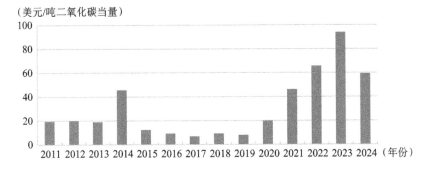

（美元/吨二氧化碳当量）

图 6 - 15　2011—2024 年瑞士 ETS 成交价格

资料来源：World Bank Group. State and Trends of Carbon Pricing Dashboard［EB/OL］.（2024 - 08 - 01）［2024 - 08 - 26］. https://carbonpricingdashboard. worldbank. org/compliance/price.

（6）市场稳定机制。瑞士在 2022 年引入了市场稳定机制。如果流通中的配额数量超过上年度上限的一半，该国将当年的拍卖量减少 50%，未拍卖的配额在履约期结束后失效。瑞士 ETS 不受 EU ETS 稳定储备金的约束。

2. 碳税

（1）简介。瑞士于 2008 年开征碳税并将其作为气候政策组合中的核心工具，碳税收入的三分之二通过降低健康保险费和社会保障金等方式返还给家庭和企业，这种再分配政策设计减轻了家庭负担。2021 年 6 月，《二氧化碳法案修订案》未能通过全民公投，瑞士议会把现行的《二氧化碳法案》延长至 2024 年。

（2）征税环节与纳税人。瑞士将征税环节设在上游，化石燃料的分销商和进口商为纳税人。

（3）征税范围。第一，行业范围包括电力和热力、工业、采掘、航运。第二，温室气体范围为二氧化碳。第三，燃料范围包括煤、煤油、其他石油产品、液化石油气、天然气。

（4）计税依据与税率。瑞士采用燃料法，以化石燃料的含碳量为计税依据。总的来看，瑞士碳税税率呈现不断上升的趋势。截至 2024 年 1 月，瑞士的碳税税率为 132.12 美元/吨二氧化碳。2008—2024 年瑞士碳税税率如图 6 - 16 所示。

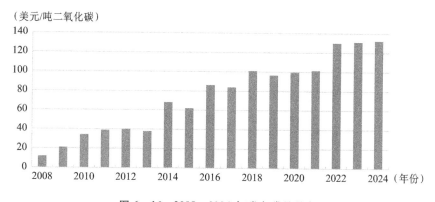

（美元/吨二氧化碳）

图 6 - 16　2008—2024 年瑞士碳税税率

资料来源：World Bank Group. State and Trends of Carbon Pricing Dashboard [EB/OL]. （2024 - 08 - 01）[2024 - 08 - 26]. https：//carbonpricingdashboard. worldbank. org/compliance/price.

（5）碳税与 ETS 的关系、税收优惠。ETS 覆盖的经营者免征碳税，而碳税涵盖了 ETS 未能捕获的温室气体排放量，两者互为补充。因征税而导致国际竞争力降低的碳排放密集型运营商（未被瑞士 ETS 覆盖）如果作出实现减排目标的承诺，可以获得退税。

（六）乌克兰碳税

乌克兰开征了碳税，尚未实行 ETS。以下为碳税的相关规定。

1. 简介

2011 年，乌克兰出台《税法典》，规定引入碳税，并将其作为对空气污染征收的环境税的一部分。2022 年 1 月 1 日起，乌克兰通过了新的《税法修正案》，提高了碳税税率，规定将其收入的 70% 用于碳减排。

2. 征税环节与纳税人

环境税由在乌克兰开展经营活动的所有实体缴纳，包括企业、个体经营者、非居民代表处等。

3. 征税范围

碳税适用于电力和热力、工业、采掘以及建筑部门排放的二氧化碳，适用于所有化石燃料。

4. 计税依据与税率

乌克兰采用直接排放法，计税依据为燃料燃烧产生的二氧化碳排放。与世界其他国家相比，乌克兰税率处于较低水平。其中，2011—2014 年为 0.02 美元/吨二氧化碳；2015 年、2017 年、2018 年降低至 0.01 美元/吨二氧化碳；2016 年资料缺失；2019—2021 年税率分别为 0.36 美元/吨二氧化碳、0.38 美元/吨二氧化碳、0.35 美元/吨二氧化碳；2022 年达到最高，为 1.02 美元/吨二氧化碳；2023 年为 0.82 美元/吨二氧化碳；2024 为 0.76 美元/吨二氧化碳。

5. 碳税与碳市场的关系、税收优惠

（1）碳税与 ETS 的关系。乌克兰还未建立 ETS，也没有加入 EU ETS。

2023 年 11 月初，欧盟委员会建议乌克兰尽快启动实施 ETS 的准备工作。目前，乌克兰正在积极开展工作以实施国家温室气体排放交易配额制度。

（2）税收优惠。年温室气体排放量低于 500 吨二氧化碳或未在排放量超过 500 吨的税收期间登记为纳税人的设施和用户，无须缴纳碳税。

（七）黑山 ETS

黑山没有引入碳税，以下为 ETS 的相关规定。

1. 简介

黑山自 2010 年以来一直是欧盟候选国。作为 2018 年底开始的入盟谈判的一部分，其被要求在环境和气候政策方面与欧盟保持一致。建立 ETS 有助于确保黑山拥有气候治理政策，以便在其加入欧盟时参与 EU ETS。2020 年 2 月，黑山通过了《关于颁发温室气体许可证的活动的法令》（ETS 法令），并根据该法令建立了一个覆盖工业和电力部门排放的国家排放市场，自 2020 年 2 月正式开始运营，覆盖三个设施。自 ETS 推出以来，其受到几次政府更迭的负面影响，年度分配计划的通过出现重大延误。此外，由于能源价格的快速上涨，三个被覆盖设施中的两个已经于 2022 年关闭了运营。截至 2024 年 1 月，情况仍然如此。黑山政府于 2022 年中成立了一个工作组，以审查该国包括 ETS 在内的气候立法。

2. 限额

黑山碳市场限额逐年减少。2020—2023 年的限额分别为 330 万吨二氧化碳当量、330 万吨二氧化碳当量、320 万吨二氧化碳当量、310 百万吨二氧化碳当量。

3. 配额分配

黑山采用拍卖或免费方式分配配额。其中，2020 年、2021 年配额完全免费分配，2022 年拍卖了配额的 64%。

4. 覆盖范围

黑山 ETS 覆盖电力和热力、工业、采掘等行业。对纳入 ETS 的企业有标准要求，如用于生产生铁或钢（一次熔炼或二次熔炼）的设施的产能超过每小时 2.5 吨等。覆盖的温室气体为二氧化碳。覆盖的燃料包括煤、柴油、汽油、煤油、液化石油气、天然气。另外，非燃料排放的温室气体也被纳入碳市场。

5. 价格

2023 年为 25.80 美元/吨二氧化碳当量，2024 年为 25.70 美元/吨二氧化碳当量。

6. 市场稳定机制

黑山设有永久的价格下限，为 24 欧元/吨二氧化碳当量。

（八）阿尔巴尼亚碳税

阿尔巴尼亚自 2008 年开始实行碳税，目前尚未找到碳税税制的详细资料。

第七章 世界典型国家和地区碳定价——非欧洲篇

前已述及，世界典型国家和地区碳定价相关规定的内容较多，本书将其分为欧洲国家、非欧洲国家两个章节进行分析。本章为非欧洲国家碳定价相关规定。总的来看，在欧洲之外实行碳税的国家集中于美洲、亚洲，非洲只有南非一个国家；在欧洲之外实行碳市场的国家，集中于美洲、大洋洲和亚洲。

一、美洲

（一）美国碳市场

美国联邦没有开征碳税，也没有实施国家层面的 ETS，有几个州实施了 ETS。

1. 加利福尼亚州限额与交易（CAT）

（1）简介。加州限额与交易计划（California Cap – and – Trade Program）自 2012 年开始实施，大部分拍卖收入捐给温室气体减排基金。该基金至少 35% 被用于弱势群体和低收入社区，余下部分被用于支持能给全州带来重大环境、经济和公共卫生效益的项目。截至 2023 年 5 月，加州已经向 569477 个项目投资了 98 亿美元，预计温室气体可减少 9800 万吨二氧化碳当量，超过 72 亿美元已惠及弱势和低收入社区。加州碳市场于 2014 年 1 月与魁北克省碳市场连接在一起。

（2）限额。加州空气资源委员会为所有实体设定年度排放限额，并发放与该上限同等的碳配额，一单位碳配额相当于一吨二氧化碳当量。排放上限逐年下调，以推动碳减排。

（3）配额分配。加州通过拍卖、寄售拍卖、免费分配等方式分配配额。存在碳泄漏风险的 EIET 行业可以获得免费配额，泄漏风险根据部门排放强度和贸易风险水平分为低、中和高三个等级。

（4）覆盖范围。第一，覆盖的行业包括工业、电力和热力、交通、建筑、采掘，其中受管控实体设施的标准为年排放温室气体超过 25000 吨二氧化碳当量。第二，覆盖的温室气体为所有温室气体。第三，覆盖的燃料包括煤、柴油、汽油、煤油、喷气燃料、其他石油产品、液化石油气、天然气。另外，非燃料排放的温室气体也被纳入 ETS。

（5）价格。从长期看，加州成交价格稳中上升，2012—2024 年成交价格如图 7-1 所示。

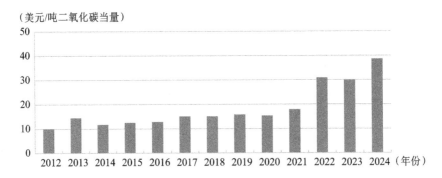

（美元/吨二氧化碳当量）

图 7-1　2012—2024 年加州 CAT 成交价格

资料来源：World Bank Group. State and Trends of Carbon Pricing Dashboard［EB/OL］. （2024 - 08 - 01）［2024 - 08 - 26］. https：//carbonpricingdashboard. worldbank. org/compliance/price.

（6）市场稳定机制。加州碳市场设立了拍卖底价、价格上限和配额价格控制储备，以稳定市场价格并防止价格波动。

①设立拍卖底价。每场拍卖的价格不应低于该价格，其中，2023 年为 22.21 美元/吨二氧化碳当量，2024 年为 24.04 美元/吨二氧化碳当量。

②设立了配额价格控制储备机制。每个年度限额中的一些配额被置于配额价格控制储备金（APCR）中，一旦价格达到一定水平，该州就会释放部分配额以阻止价格飙升。

③设定了价格上限，确保企业按照上限的价格购买无限数量的配额。价格上限出售与储备出售类似，但有两个关键区别：第一，只有在储备配额全部售出且至少一家受管控实体仍无法满足其合规义务的情况下，才会以价格上限出售配额。第二，以价格上限购买的配额最高为企业当前未履行的排放义务的部分。价格下限、储备价格和价格上限都按每年 5% 加通货膨胀率的比例进行调整。

2. 区域温室气体倡议（RGGI）

（1）简介。区域温室气体倡议于 2009 年启动，是美国第一个强制性的温室气体排放标准，适用于 11 个州［康涅狄格州、特拉华州、缅因州、马里兰州、马萨诸塞州、新罕布什尔州、新泽西州（2012 年退出，2020 年重新加入）、纽约州、罗得岛州、佛蒙特州和弗吉尼亚州］。RGGI 的拍卖收入返还给各州，主要用于消费者福利计划，包括直接援助、有益的电气化、温室气体减排以及清洁和可再生能源项目等。

（2）限额。RGGI 为限额与交易模式，限额每年都会减少，2024 年为 630 万吨二氧化碳。

（3）配额分配。被覆盖的实体通过定期拍卖（按季度）获得大部分配额。

（4）覆盖范围。RGGI 覆盖化石燃料发电机组的二氧化碳排放，其中大多数州规定覆盖容量等于或大于 25 兆瓦的机组。覆盖的燃料包括煤、柴油、汽油、煤油、其他石油产品、液化石油气、天然气。

（5）价格。自 2021 年以来，RGGI 成交价格稳定提高，2024 年为 17.64 美元/吨二氧化碳。2008—2024 年美国 RGGI 成交价格如图 7 - 2 所示。

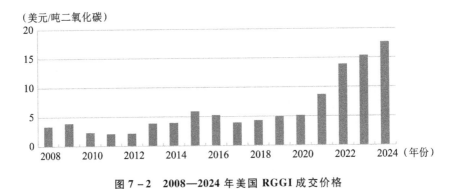

（美元/吨二氧化碳）

图 7 - 2　2008—2024 年美国 RGGI 成交价格

资料来源：World Bank Group. State and Trends of Carbon Pricing Dashboard ［EB/OL］.（2024 - 08 - 01）［2024 - 08 - 26］. https://carbonpricingdashboard. worldbank. org/compliance/price.

（6）价格稳定机制。第一，设立价格下限。2024 年，每吨二氧化碳 2.56 美元，每年增长 2.5%（反映通货膨胀情况）。第二，设立成本控制储备（cost containment reserve，CCR）。当配额价格超过一定水平时，这些配额才可用于销售。

3. 华盛顿州限额和投资计划

（1）简介。自 2023 年 1 月运行的华盛顿州碳市场在建立之初就采用了通过拍卖分配配额的方法，拍卖所得用于再投资，因此该碳市场被称为"限额和投资"（cap - and - invest）市场，覆盖了该州约 70% 的温室气体排放量。限额与投资计划的许多设计元素与加州的限额与交易计划相似。

（2）限额。华盛顿州生态部是该计划的行政管理机构，负责编制年度配额预算，通过拍卖（每季度举行一次）和免费分配相结合的方式分配配额。华盛顿州限额与投资计划的限额是每个被覆盖设施排放限额自下而上的组合，2023 年的限额设定为 630 万吨二氧化碳当量。

（3）配额分配。华盛顿州拍卖和免费分配配额，其中 EIET 行业的设施可以获得免费配额，以降低碳泄漏的风险。

（4）覆盖范围。华盛顿州限额与投资计划覆盖工业、电力和热力、交通、建筑、采掘部门，覆盖所有温室气体，覆盖的燃料包括煤、柴油、汽油、煤油、喷气燃料、其他石油产品、液化石油气、天然气，也覆盖非燃料产生的碳排放。

（5）成交价格。2023 年为 22.2 美元/吨二氧化碳当量；2024 年为 25.75 美元/吨二氧化碳当量。

（6）市场稳定机制。华盛顿州采用两种方法来稳定拍卖市场价格，一是设立拍卖底价，2024 年为 24.02 美元/吨二氧化碳；二是设立配额价格控制储备金（APCR），如果配额成交价格过高，则管理部门拍卖储备中的部分配额。

4. 马萨诸塞州对发电机排放的限制

（1）简介。马萨诸塞州碳市场于 2018 年开始运行，该州的发电商必须同时遵守 RGGI 和马萨诸塞州碳市场的相关规定。拍卖收益存放在一个单独的账户中，用于减缓气候变化项目，如用于针对受空气污染不利影响社区的项目。

（2）限额。2024 年限额为 760 万吨二氧化碳，以后每年减少 22.39 万吨二氧化碳，到 2050 年达到 180 万吨二氧化碳。

（3）配额分配。从 2019 年开始，该州将配额进行了部分拍卖，2021 年开始全面拍卖。

（4）覆盖范围。该碳市场覆盖电力部门的二氧化碳排放，没有任何豁免，覆盖的燃料包括煤、柴油、汽油、煤油、其他石油产品、液化石油气、天然气。

（5）成交价格。2020—2024 年分别为 8.19 美元/吨二氧化碳、6.5 美元/吨二氧化碳、0.5 美元/吨二氧化碳、12.05 美元/吨二氧化碳、2.25 美元/吨二氧化碳。

（6）市场稳定机制。马萨诸塞州设立了拍卖底价，为 0.5 美元/吨二氧化碳。

（二）加拿大碳市场与碳税

加拿大规定，任何省份或地区都可以根据当地情况实施自己的碳定价，也可以选择适用联邦碳定价机制。联邦政府设定了所有碳定价必须满足的最低标准，以确保它们具有可比性和有效性。如果一个省或地区未对碳污染进行定价，或者进行了碳定价但不符合最低标准，则需要适用联邦碳定价机制。联邦定价机制由两部分组成：对汽油和天然气等化石燃料征收的联邦燃油税（实为碳税），以及基于产出的定价机制（OBPS，实为ETS）。自 2024 年 4 月 1 日起，联邦燃油税适用于艾伯塔省、马尼托巴省、新不伦瑞克省、纽芬兰与拉布拉多省、新斯科舍省、努纳武特地区、安大略省、爱德华王子岛省、萨斯喀彻温省和育空地区。自 2019 年以来，加拿大的省、地区都对碳污染进行了定价，约占加拿大温室气体排放量的 80%。

根据《加拿大碳污染定价法》，在 2022 年 9 月之前，加拿大所有省份和地区都必须申请适用联邦碳污染定价机制，或者提出自己的 2023—2030年碳定价计划，以满足联邦的基本要求。2023 年全国最低碳价为 65 加元（48.15 美元），每年增加 15 加元（11.11 美元），到 2030 年达到 170 加元（125.93 美元）。2024 年 4 月 1 日起，标准为每吨二氧化碳当量排放量 80加元，在 2024 年所有省份和地区必须将碳价格维持在该水准。根据规定，联邦取得的所有直接收益都将返还给原省份或地区。

1. 加拿大碳市场

（1）联邦基于产出的碳定价机制（OBPS）。

①简介。联邦基于产出的碳定价机制（OBPS）于 2019 年开始实施，是联邦碳污染定价担保机制的一部分。联邦 OBPS 旨在为工业排放者提供价格信号，激励市场主体减少温室气体排放，同时降低碳泄漏风险和对竞争力的影响。

②限额。联邦 OBPS 按部门设定了基于产出的绩效标准（即每单位产出的温室气体排放量），企业根据绩效标准与生产水平计算限额，企业限额之和为联邦限额。那些表现优于绩效标准的设施的经营者获得剩余信用（合规单位），可以将剩余信用出售或保存以备后用；那些表现低于绩效标准的设施的经营者需要就超过部分的排放量提供补偿，补偿方式包括交出

从其他设施购买的或以前期间保留的盈余信用、支付碳价、交出符合条件的抵消信用。

③覆盖范围。第一，覆盖工业、电力和热力、采掘。上述行业中年温室气体排放量等于或超过 50000 吨二氧化碳当量的设施，必须适用 OBPS；年排放量等于或超过 10000 吨二氧化碳当量、未超过 50000 吨二氧化碳当量的设施，可以选择是否参与。第二，覆盖所有温室气体。第三，覆盖的燃料包括煤、柴油、汽油、煤油、其他石油产品、液化石油气、天然气，也覆盖非燃料排放的温室气体。

④定价。联邦 OBPS 设定了价格。2024 年为 80 加元（59.26 美元）/吨二氧化碳。

（2）魁北克省碳排放权交易市场。

①简介。魁北克省碳排放权交易市场（CAT）始于 2013 年，覆盖了该省 80% 的温室气体排放量。魁北克省自 2008 年以来一直是西部气候倡议（WCI）的成员，并于 2014 年正式将碳市场与加州碳市场连接起来。魁北克省碳市场符合联邦碳定价要求，因此不需要适用联邦碳定价机制。目前，其已经进入第四个履约周期。这四个履约周期分别是：第一个履约期为 2013—2014 年；第二个履约期为 2015—2017 年；第三个履约期为 2018—2020 年；第四个履约期为 2021—2023 年。该省规定，所有拍卖收入都捐给电气化和气候变化基金，用于支持实施《2030 年绿色经济计划》中包含的减缓和适应措施，包括提升能源效率、发展电气化和公共交通等。自该计划启动以来，已筹集了超过 84 亿加元（64 亿美元）的资金。

②限额。魁北克省实行的是限额与交易模式的 ETS，限额逐步降低。

③配额分配。魁北克省采用免费与拍卖相结合的方式分配配额。大多数配额通过拍卖分配，一部分免费分配给 EITE 行业和在碳市场实施之前签订了固定价格销售合同的电力生产商。

④覆盖范围。第一，覆盖的行业，包括工业、电力和热力、交通、建筑、采掘，以及工业过程排放。企业纳入碳市场的标准是年度温室气体排放量超过 25000 吨二氧化碳当量，以及燃料分销量超过 200 升的燃料分销

商。每年温室气体排放量超过 10000 吨二氧化碳但低于 25000 吨二氧化碳的企业，可以自愿参加。第二，覆盖所有温室气体。第三，覆盖的燃料包括煤、柴油、汽油、煤油、其他石油产品、液化石油气、天然气，也覆盖非燃料排放的温室气体。

⑤成交价格。尽管年度间有波动，但从长期趋势看，魁北克省碳市场的成交价格呈现上升的趋势。2014—2024 年魁北克省碳市场成交价格如图 7-3 所示。

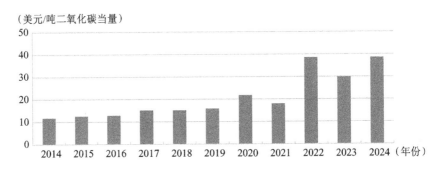

（美元/吨二氧化碳当量）

图 7-3　2014—2024 年魁北克省碳市场成交价格

资料来源：World Bank Group. State and Trends of Carbon Pricing Dashboard［EB/OL］．（2024 - 08 - 01）［2024 - 08 - 26］．https：//carbonpricingdashboard. worldbank. org/compliance/price.

⑥市场稳定机制。魁北克省碳市场设定了拍卖底价，在上一年的年度最低价格的基础上，根据价格指数消费（CPI）加 5％的比例进行调整。另外，魁北克省碳市场保留着一个排放单位储备账户，用于出售给没有足够的配额来支付其义务的实体。

（3）阿尔伯塔省技术创新与减排条例（TIER）。

①简介。TIER 是一项基准和信用交易类型的 ETS（baseline - and - credit ETS），配额拍卖收入纳入 TIER 基金，该基金为各种温室气体减排计划、低碳创新项目和气候适应能力投资（如对碳捕获、利用和封存的投资）提供资金。2022 年 12 月，阿尔伯塔省修订了 TIER，于 2023 年 1 月 1 日生效，修订的内容包括将碳价格设定为符合联邦基准要求等。

②限额。TIER 的总排放限额为所有被覆盖实体的年度排放限额的总

和。因此，该限额不是事先设定的，只有在合规期结束后才能确定。

③配额分配。该省根据基准与产出确定不同实体的配额。排放量低于限额的实体免费获得排放绩效信用（EPC），这些信用可以存放（以备以后年度使用）或出售给排放量超过其排放限额的实体。排放量超过限额的设施的经营者必须在规定的期限内为其超出的排放提供补偿，补偿的方法有三种，一是从其他被 TIER 覆盖的设施的经营者处购买 EPC；二是购买 TIER 基金信用；三是根据批准的抵消协议等购买排放抵消信用（emission offset credits）。

④覆盖范围。第一，行业与企业范围。TIER 适用于工业、电力、食品加工和其他部门年温室气体排放量超过 10 万吨二氧化碳当量的设施，同一所有权下的石油和天然气设施可以合并为一个单一的综合设施加入该法规；年温室气体排放量超过 2000 吨二氧化碳当量不足 10 万吨二氧化碳当量的设施可以选择加入。第二，温室气体范围。适用于所有温室气体。第三，燃料范围。煤、柴油、汽油、煤油、其他石油产品、液化石油气、天然气。另外，非燃料排放的温室气体也被纳入 TIER。

⑤成交价格。该省 TIER 成交价格在 2007—2020 年有波动，总的趋势呈现小幅上升；自 2021 年起，上升幅度较大。2007—2024 年阿尔伯塔省 TIER 成交价格如图 7 - 4 所示。

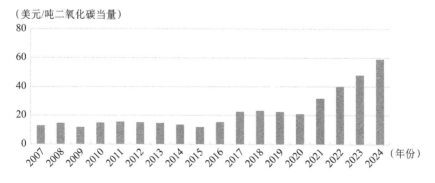

图 7 - 4　2007—2024 年阿尔伯塔省 ETS 成交价格

资料来源：World Bank Group. State and Trends of Carbon Pricing Dashboard ［EB/OL］. （2024 - 08 - 01）［2024 - 08 - 26］. https：//carbonpricingdashboard. worldbank. org/compliance/price.

⑥市场稳定机制。为了补偿超过设施年度排放限额的排放量,受管控实体可以通过按规定的价格从 TIER 基金来购买基金信用。

(4)不列颠哥伦比亚省基于产出的定价机制（OBPS）。

①简介。从 2024 年 4 月开始,不列颠哥伦比亚省 OBPS 取代了针对工业运营商的碳定价机制,后者包括省级碳税和 Clean BC 工业计划下的基线和信用体系。CleanBC 工业计划自 2019 年 4 月实施,包括 CleanBC 工业激励计划（CIIP）和 CleanBC 工业基金（CIF）。CIIP 被停止,CIF 正在审查中,并将在新机制下继续运行。BC OBPS 遵循联邦政府碳价路径,引导工业排放者减少温室气体排放。

②限额。限额为所有被覆盖实体年度排放限额之和,因此该限额不是事先设定的,只有在合规期结束后才能确定。限额每年缩紧,以确保 BC OBPS 的严格程度每年逐步提高。

③限额分配。排放量低于排放限额的设施可免费获得信用额度,这些信用额度可以存入银行或出售给排放量超过排放限额的实体。

④覆盖范围。第一,行业与企业范围。OBPS 覆盖能源公用事业、电力进口、温室、废物处理和修复服务。根据《温室气体工业报告和控制法》（GGIRCA）,年温室气体排放量超过 10000 吨二氧化碳当量的特定受管制工业产品的生产企业必须参与 OBPS,低于该标准的企业可以在自愿的基础上选择加入;那些没有选择加入的企业需要缴纳不列颠哥伦比亚省碳税。第二,温室气体范围包括二氧化碳、甲烷、一氧化二氮、氢氟碳化物、六氟化硫、全氟化合物。第三,燃料范围包括煤、柴油、汽油、煤油、喷气燃料、其他石油产品、液化石油气、天然气。另外,非燃料排放的温室气体也被纳入碳市场。

⑤成交价格。2021—2024 年的成交价格分别为 19.89 美元/吨二氧化碳当量、19.98 美元/吨二氧化碳当量、18.47 美元/吨二氧化碳当量、58.94 美元/吨二氧化碳当量。

⑥收入使用。OBPS 的部分收入将转入工业基金,用于支持开发、试验和部署减少温室气体排放的项目。

（5）新不伦瑞克省基于产出的定价机制（OBPS）。

①简介。新不伦瑞克省 OBPS 是一种基于强度的碳市场，每个受管控实体都必须交出超过设施年度排放限额的配额。该机制适用于与联邦 OB-PS 相同的部门和气体，并遵循相同的价格轨迹。

②限额。限额为所有单个被覆盖实体年度排放限值的总和。因此，该限额不是事先设定的，只有在合规期结束后才能确定。

③配额分配。该省根据历史绩效制定特定设施的排放强度基准，该基准乘以产量即为设施的排放上限。

④覆盖范围。覆盖工业和电力，上述行业年温室气体排放量超过50000 吨二氧化碳当量的设施必须适用新不伦瑞克省 OBPS，年温室气体排放量超过 10000 吨二氧化碳当量、不足 50000 吨二氧化碳当量的设施可以选择适用。该机制覆盖所有温室气体。

⑤价格。2022—2024 年，OBPS 的成交价格分别为 39.96 美元/吨二氧化碳当量、48.03 美元/吨二氧化碳当量、58.94 美元/吨二氧化碳当量。

（6）纽芬兰与拉布拉多省绩效标准机制（PSS）。

①简介。纽芬兰与拉布拉多省绩效标准机制（PSS）是一项针对大型工业排放者的基于强度的碳市场，于 2019 年生效。该机制适用于与加拿大联邦 OBPS 相同的部门和温室气体，并遵循相同的价格轨迹。

②限额。纽芬兰与拉布拉多省 PSS 的限额是所有被覆盖实体的排放限额的总和，因此该限额不是事先设定的，只有在合规期结束后才能确定。

③配额分配。每个企业的年度排放限额基于历史排放强度、实际产出和每年递减的减排因子确定，但海上石油设施除外，其按照绝对值乘以一定的百分比确定排放限额，无论产量如何。

④覆盖范围。第一，覆盖的行业包括工业、电力和热力、采掘。上述行业中，年温室气体排放量超过 25000 吨二氧化碳当量的设施必须加入碳市场，年温室气体排放量超过 15000 吨二氧化碳当量、不足 25000 吨二氧化碳当量的设施，可以选择加入。如果运营商的排放强度低于目标水平，则可以获得绩效信用，并可以将这些信用出售给其他被覆盖的

运营商或将其存入银行以备将来的合规周期使用。第二，覆盖的温室气体为所有温室气体。第三，覆盖的燃料包括煤、柴油、汽油、煤油、其他石油产品、液化石油气、天然气。另外，非燃料排放的温室气体也被碳市场覆盖。

⑤成交价格。2021—2024 年，纽芬兰与拉布拉多省的成交价格分别为 23.87 美元/吨二氧化碳当量、39.96 美元/吨二氧化碳当量、48.03 美元/吨二氧化碳当量、58.94 美元/吨二氧化碳当量。

（7）新斯科舍省基于产出的工业定价机制（OBPS）。

①简介。新斯科舍省 OBPS 是该省减少大型工业设施温室气体排放的方法的一部分，于 2022 年 11 月获得联邦政府的批准，自 2023 年起开始运营。它取代了该省自 2019 年以来一直实施的限额与交易计划。

②限额。限额是所有单个被覆盖实体年度排放限额的总和，因此该限额不是事先设定的，只有在合规期结束后才能确定。

③配额分配。根据每个企业的碳排放强度与产出水平确定限额。

④覆盖范围。第一，覆盖的行业与企业范围。该省碳市场覆盖工业与电力，上述行业中年排放量超过 50000 吨二氧化碳当量的设施必须参与碳市场，低于该标准且年排放量超过 10000 吨二氧化碳当量的其他设施可以选择自愿加入碳市场。2023 年，有 15 家（其中 8 家为自愿市场参与者）。第二，覆盖的温室气体范围包括二氧化碳、甲烷、一氧化二氮、六氟化硫、三氟化氮、氢氟碳化物、全氟化碳。第三，覆盖的燃料范围尚未查到相关资料。

⑤成交价格。2021—2024 年，新斯科舍省的成交价格分别为 31.83 美元/吨二氧化碳当量、39.96 美元/吨二氧化碳当量、48.03 美元/吨二氧化碳当量、58.94 美元/吨二氧化碳当量。

（8）萨斯喀彻温省基于产出的绩效标准计划。

①简介。萨斯喀彻温省基于产出的绩效标准计划自 2019 年生效，是一种基于排放强度的基线和信用碳市场（baseline‐and‐credit ETS），适用于大型工业排放者。

②限额。限额为所有单个被覆盖实体年度排放限额之和。因此，该限制不是事先设定的，只有在合规期结束后才能确定。

③配额分配。每个设施的排放限额是根据当年适用的排放强度标准和当年的生产水平确定的。

④覆盖范围。第一，覆盖的行业范围包括电力与热力、工业、采掘等。上述行业中，年排放量超过 25000 吨二氧化碳当量的设施必须适用。第二，覆盖的温室气体包括二氧化碳、甲烷、一氧化二氮、六氟化硫、氢氟碳化物、全氟化碳。

⑤成交价格。2021—2024 年，萨斯喀彻温省的成交价格分别为 31.83 美元/吨二氧化碳当量、39.96 美元/吨二氧化碳当量、48.03 美元/吨二氧化碳当量、58.94 美元/吨二氧化碳当量。

（9）安大略省排放绩效标准计划（EPS）。

①简介。安大略省 EPS 于 2022 年 1 月引入，取代了之前在该省实施的联邦 OBPS。在 EPS 营运的第二年，安大略省对其进行了修改以达到联邦基准的水平，并将 EPS 的期限从 2023 年延长至 2030 年。

②限额。安大略省 EPS 是基于强度的碳市场，限额是基于所有单个被覆盖实体的年度排放限额的总和。因此，限额不是事先设定的，只有在合规期结束后才能确定。

③配额分配。企业能够获得的配额基于特定设施、部门或历史排放基准与产出确定。

④覆盖范围。该机制适用于与联邦 OBPS 相同的行业和气体。其中，被覆盖行业年温室气体排放量超过 50000 吨二氧化碳当量的所有设施必须加入 EPS，年温室气体排放量大于或等于 10000 吨二氧化碳当量、小于 50000 吨二氧化碳当量的设施可以选择加入。

⑤成交价格。2022—2024 年，安大略省的成交价格分别为 31.96 美元/吨二氧化碳当量、48.03 美元/吨二氧化碳当量、58.94 美元/吨二氧化碳当量。

2. 碳税

（1）联邦碳税。

①简介。见本节"（二）加拿大碳市场与碳税"部分。

②征税环节与纳税人。加拿大将征税环节设在上游，化石燃料的分销商和生产商均为纳税人。

③征税范围。碳税适用于电力和热力、采掘、工业、交通、建筑、航运、农林渔业燃料使用等排放的全部温室气体，适用的燃料包括煤炭、柴油、汽油、煤油、航运燃料、其他石油产品、液化石油气、天然气。

④计税依据与税率。该国采用燃料法，以燃料的消耗量为计税依据。税率每年都会按照预定的时间表上涨，2019—2024 年碳税税率分别为 14.99 美元/吨二氧化碳当量、21.10 美元/吨二氧化碳当量、31.83 美元/吨二氧化碳当量、39.96 美元/吨二氧化碳当量、48.03 美元/吨二氧化碳当量、58.94 美元/吨二氧化碳当量。

⑤碳税与碳市场的关系、税收优惠。第一，碳税与 ETS 的关系。碳税与 OBPS 为互补关系。第二，税收优惠。对于从管辖区出口或移出的燃料，免征碳税。农民、渔民和居住在偏远社区的居民，免税。自 2023 年 10 月起，暂停对仅用于建筑物或类似结构供热的轻质燃油征收碳税，为期 3 年。为进一步支持农村居民，政府计划从 2024 年 4 月起，将碳排放补贴从基准金额的 10% 提高到 20%。

（2）不列颠哥伦比亚省碳税。

①简介。2008 年，该省实施了北美第一个税基广泛的碳税。

②征税环节与纳税人。该省将征税环节设在上游，生产商等为纳税人。

③征税范围。碳税适用于电力和热力、工业、采掘、交通、航运、建筑、农林渔业燃料使用部门购买和使用的汽油、柴油、天然气、取暖燃料、丙烷和煤炭等，覆盖的温室气体为二氧化碳、甲烷、一氧化二氮、氢氟碳化物、六氟化硫、全氟化碳，约占该省温室气体排放量的 80%。

④计税依据与税率。该省碳税税率近年来呈现上升趋势，2008—2024年不列颠哥伦比亚省碳税税率如图7-5所示。

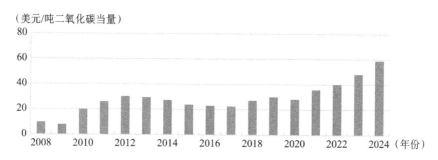

图 7-5　2008—2024 年不列颠哥伦比亚省碳税税率

资料来源：World Bank Group. State and Trends of Carbon Pricing Dashboard [EB/OL]. (2024 - 08 - 01) [2024 - 08 - 26]. https://carbonpricingdashboard. worldbank. org/compliance/price.

⑤税收优惠。出口燃料、在不列颠哥伦比亚省以外行驶的机动车等消耗的燃料，以及农民购买的有色汽油和有色柴油，免税；商业温室种植者使用符合条件的天然气和丙烷，适用的税率降低80%。为了保护弱势群体，该省规定碳税上调产生的收入将用于提高气候行动税收抵免。该项措施展现了该省对环境保护和社会责任的双重承诺。

（3）西北地区碳税。

①简介。西北地区于2019年9月对所有化石燃料征收碳税。从2023年4月1日起，按联邦基准上调税率。

②征税环节与纳税人。该省将征税环节设在上游，燃料的分销商等为纳税人。

③征税范围。碳税适用于电力和热力、工业、采掘、交通、航运、建筑、农林渔业燃料使用部门排放的二氧化碳，适用的燃料包括柴油、汽油、喷气燃料、其他石油产品、液化石油气、天然气。

④税率。2020—2024年碳税税率分别为14.06美元/吨二氧化碳、23.87美元/吨二氧化碳、31.96美元/吨二氧化碳、48.03美元/吨二氧化碳、58.94美元/吨二氧化碳。

⑤碳税与碳市场的关系、税收优惠。航运用燃料、为偏远社区发电使

用的燃料、用于特定目的的燃料（如印第安人或印第安人部落和来访部队使用的燃料），免税。

（三）墨西哥碳市场与碳税

1. 墨西哥碳市场

（1）简介。墨西哥碳市场是拉丁美洲的首个碳市场，于 2020 年 1 月开始实施，共分为两个阶段：2020—2021 年为试点阶段，2022 年为过渡阶段。目前，试点与过渡阶段已经结束，但新的规定尚未公布，有关试点碳市场的规定仍然有效。墨西哥于 2014 年与美国加利福尼亚州签署了谅解备忘录，并于 2015 年与加拿大魁北克省签署了谅解备忘录，其中包括在排放交易方面的合作。2016 年 8 月，墨西哥、加拿大魁北克省和安大略省发表了关于碳市场合作的联合声明。但目前墨西哥碳市场尚未与任何其他碳市场连接。

（2）限额。2020 年为 2.71 亿吨二氧化碳，2021 年为 2.73 亿吨二氧化碳。

（3）配额的分配。根据历史排放量分配配额。

（4）覆盖范围。墨西哥碳市场覆盖的行业为电力与热力、工业、采掘，覆盖的温室气体为二氧化碳，覆盖的燃料包括煤、柴油、汽油、煤油、其他石油产品、液化石油气、天然气，也包括非燃料排放的温室气体。

（5）成交价格。无相关资料。

（6）市场稳定机制。墨西哥设有拍卖准备金。

2. 碳税

（1）简介。自 20 世纪 90 年代以来，墨西哥的环境和经济专家一直在讨论征收碳税的可能性，但没有取得成功。在 2010 年主办《公约》第十六次缔约方会议（COP16）之后，政府决定逐步取消燃料补贴。2013 年，新当选的政府准备对税收制度进行更广泛的改革时，出现了引入碳税的机

会之窗。在墨西哥财政部和环境部的共同努力下，经过艰难的妥协，2014
年碳税得以出台，并且多年来被证明是可持续的。"艰难的妥协"表现为，
财政部最初提议的税率是 26 美元/吨二氧化碳当量，后下调至 5.7 美元/吨
二氧化碳当量，并在代表能源密集型行业的商业协会的压力下进一步下调
为 3.5 美元/吨二氧化碳当量，并给予天然气免税优惠。碳税收入纳入一般
预算进行管理，没有规定具体用途。

（2）征税环节与纳税人。墨西哥将征税环节设在上游，化石燃料的生
产商和进口商为纳税人。

（3）征税范围。碳税适用于电力和热力、工业、采掘、交通、航运、
建筑以及农林渔业燃料使用排放的二氧化碳，适用于除天然气以外的化石
燃料征税，包括煤、柴油、汽油、煤油、喷气燃料、其他石油产品、液化
石油气。

（4）计税依据与税率。墨西哥采用燃料法，对天然气以外的其他化石
燃料的碳含量征税。需要注意的是，碳税不是对燃料的全部碳含量征税，
而是对与天然气相比，燃料燃烧产生的额外的二氧化碳排放量征税。由于
通货膨胀影响，税率每年年底更新。截至 2024 年 4 月，碳税标准税率为
4.3 美元/吨二氧化碳。从长期看，该国税率稳中有升。2016—2024 年墨西
哥碳税税率如图 7 - 6 所示。

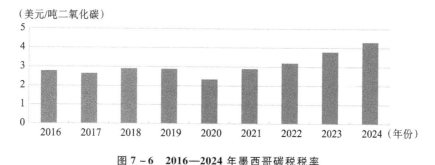

图 7 - 6　2016—2024 年墨西哥碳税税率

（5）碳税与碳市场的关系、税收优惠。碳税的纳税人可以选择使用在

墨西哥开发的清洁发展机制项目或符合 EU ETS 要求的碳信用额度来抵消碳税。

（四）乌拉圭碳税

乌拉圭开征了碳税，尚未实施碳市场。以下为碳税的相关规定。

1. 简介

2021 年 6 月，乌拉圭政府提交给乌拉圭议会的法案草案包括一项对汽油征收碳税的提案，旨在用基于碳排放征收的特定内部税（IMESI）取代适用于汽油的部分现有燃料消费税。此后，根据第 441/021 号总统令，碳税于 2022 年 1 月 1 日实施，针对 95 号和 97 号汽油征收。

2. 征税环节与纳税人

乌拉圭将征税环节设在上游，燃料的制造商和进口商为纳税人。

3. 征税范围

碳税适用于电力和热力、工业、采掘、交通、建筑和农林渔业燃料使用汽油燃烧排放的所有温室气体。

4. 计税依据与税率

尚未找到乌拉圭碳税计税依据的资料。税率每年根据消费者物价指数和汽油二氧化碳排放强度的变化进行更新。2022—2024 年碳税税率分别为 137.29 美元/吨二氧化碳当量、155.86 美元/吨二氧化碳当量、167.17 美元/吨二氧化碳当量。

5. 税收优惠

用作航运燃料时，免征碳税。

（五）智利碳税

智利开征了碳税，尚未实施碳市场。以下为碳税的相关规定。

1. 简介

2014 年，智利通过了碳税立法，于 2017 年正式生效，成为南美洲第一个对二氧化碳排放征税的国家。智利引入碳税是作为更广泛的税收改革的一部分进行的，在引入碳税的同时改革了其他税种。碳税是污染排放税的组成部分。

2. 征税环节与纳税人

智利采用直接排放法，对下游的温室气体与污染排放源征收。纳税人为年排放温室气体超过 2.5 万吨二氧化碳的设施的运营商，以及每年向空气中释放超过 100 吨颗粒物的设施的运营商。

3. 征税范围

碳税适用于电力和热力、工业以及采掘部门排放的二氧化碳，适用的燃料包括煤、柴油、汽油、煤油、其他石油产品、液化石油气、天然气。另外，该国对非燃料排放也征税。

4. 计税依据与税率

碳税以二氧化碳排放量为计税依据，2017—2024 年碳税税率均为 5 美元/吨二氧化碳。

5. 税收优惠

生物质能发电免税，年二氧化碳排放量低于 5000 吨二氧化碳的小型装置免税。

（六）阿根廷碳税

自 2024 年，阿根廷考虑实施碳市场，但尚未正式实施。以下为碳税的相关规定。

1. 简介

阿根廷碳税于 2017 年作为全面税制改革的一部分引入，取代之前的燃料税。

2. 征税环节与纳税人

阿根廷将征税环节设在上游，化石燃料的生产商、分销商和进口商均为纳税人。

3. 征税范围

碳税适用于电力和热力、工业、采掘、交通、航运、建筑、农林渔业燃料使用燃料（煤炭、柴油、汽油、煤油、其他石油产品）燃烧排放的全部温室气体。

4. 计税依据与税率

阿根廷采用燃料法，以燃料消耗量为计税依据。该国税率不断下降，其中，2018—2024 年分别为 8.91 美元/吨二氧化碳当量、6.18 美元/吨二氧化碳当量、6.34 美元/吨二氧化碳当量、5.32 美元/吨二氧化碳当量、4.99 美元/吨二氧化碳当量、3.33 美元/吨二氧化碳当量、0.91 美元/吨二氧化碳当量。

5. 税收优惠

特定部门如国际航运所用燃料免征碳税，出口燃料免征碳税。

（七）哥伦比亚碳税

2018 年，哥伦比亚通过了《气候变化管理法》，概述了建立国家可交易温室气体排放配额计划（实为碳市场）的基本规定。根据 2023 年第 2294 号法律第 262 条，拍卖收入将分配给"生命与生物多样性基金"（之前为"可持续性和气候适应力基金"）。环境与可持续发展部根据气候目标确定配额数量并分配配额，分配主要通过拍卖进行。违反规定者，将被处以拍卖价最高两倍的罚款。目前，该系统正在开发中。以下为碳税的相关规定。

1. 简介

哥伦比亚于 2017 年开始实施碳税，旨在减少温室气体排放，促进可持续发展。该税率每年根据通货膨胀指数进行调整，确保与经济变化保持同步。通过这种机制，哥伦比亚希望在经济发展和环境保护之间找到平衡点，推动国家的可持续发展进程。

2. 征税环节与纳税人

哥伦比亚将征税环节设在上游，化石燃料的分销商和进口商均为纳税人。

3. 征税范围

碳税适用于电力和热力、采掘、工业、交通、建筑、航运、农林渔业燃料使用燃烧燃料（柴油、汽油、煤油、喷气燃料、其他石油产品、液化石油气）排放的全部温室气体。

4. 计税依据与税率

哥伦比亚采用燃料法，以燃料消耗量作为计税依据。该国税率变化不大，2017—2020年碳税税率分别为5.2美元/吨二氧化碳当量、5.67美元/吨二氧化碳当量、5.17美元/吨二氧化碳当量、4.14美元/吨二氧化碳当量，2022—2024年碳税税率分别为5.01美元/吨二氧化碳当量、5.05美元/吨二氧化碳当量、6.67美元/吨二氧化碳当量（部分年份税率资料缺失）。

5. 税收优惠

第一，用于住宅的液化石油气免税。第二，煤炭在2024年前免税。第三，如果排放者通过使用哥伦比亚项目产生的抵消额度实现碳中和，则可以免缴碳税。这些抵消额度必须由联合国气候变化框架公约（UNFCCC）认可的审计机构、哥伦比亚国家认证机构或国际认证论坛成员进行核实。

二、大洋洲与非洲

（一）澳大利亚保障机制

澳大利亚于2012年7月1日开征碳税，于2014年停止征收碳税。以下为碳市场的相关规定。

1. 简介

澳大利亚的保障机制（Safeguard Mechanism）于2016年推出，但由于没有发放可交易许可证，未被归类为基准和信用制度。由于设计方面的问题，保障机制自2016年实施以来至2021年期间未能推动碳减排，相反，该机制覆盖行业的温室气体排放实际上增加了4.3%。为有效推动减排，澳大利亚于2023年3月30日通过《保障机制（信用）修正法案2023》

[Safeguard Mechanism (Crediting) Amendment Bill 2023], 自 2023 年 7 月起生效。修正后的保障机制为 200 多个大型设施设置了排放基准, 那些排放低于基准的设施 (垃圾填埋场和获得借款安排的设施除外) 会获得保障机制信用 (SMC), 这些信用可以存入银行以备将来使用或出售给其他设施。排放高于基准的设施, 其经营者需要购买 SMC 或澳大利亚碳信用单位 (ACCU), 以抵消超过基准水平的排放。ACCU 和 SMC 都是可交易的金融产品, 代表每吨二氧化碳当量的排放量。这两个单位均由澳大利亚清洁能源监管机构 (CER) 管理, 并存放在企业设在澳大利亚国家排放单位登记处的账户中。自 2023 年 7 月起, 政府向超基准的设施发放 SMC, 这实际上将保障机制变成了一个基准和信用交易制度。

2. 限额

保障机制的上限为企业配额之和。因此, 该限额不是事前设定的, 只有在合规期结束后才能确定, 限额随着时间的推移而减少。

3. 配额分配

企业能够获得的配额, 根据生产水平乘以碳排放强度值计算得出。其中, 2023 年以前, 碳排放强度值根据单个设施的排放强度设定, 但在 2023—2030 年的 7 年中过渡到根据行业平均排放强度设定。

4. 覆盖范围

保障机制覆盖电力与热力、采矿、制造、交通、国内航运和废物处理等部门, 上述部门年温室气体排放量超过 100000 吨二氧化碳当量的设施必须参与碳市场。在废物处理部门, 大多数设施达不到标准, 因此保障机制仅覆盖该部门总排放量的很小一部分 (约为 1%)。保障机制覆盖的温室气体包括二氧化碳、甲烷、一氧化二氮、六氟化硫、氢氟碳化物、全氟化碳, 覆盖的燃料包括煤、柴油、汽油、煤油、喷气燃料、其他石油产品、液化石油气、天然气。另外, 该国对非燃料排放也征税。

5．成交价格

仅有 2024 年资料，为 21.9 美元/吨二氧化碳当量。

6．市场稳定条款

超过排放基准的设施可申请以固定价格购买所需数量的 ACCU。2023—2024 财年 ACCU 的价格定为 75 澳元（49.6 美元），未来的财政年度按消费者价格指数（CPI）加 2% 的比例进行指数化调整。这项措施旨在为保障设施提供确定性，使其确定未来将面临的最大合规成本。

（二）新西兰碳市场

新西兰尚未开征碳税，但已经实施了 ETS，以下为 ETS 的相关规定。

1．简介

新西兰排放交易计划（NZ ETS）于 2008 年生效，是解决新西兰温室气体排放的政策和措施框架的一部分，是该国减缓气候变化的关键驱动力。

2．限额

新西兰采用总量与配额模式，限额由政府事先确定。2024 年上限为 2790 万吨二氧化碳当量。

3．配额分配

政府将一些配额免费分配给 EIET 行业，将一些配额拍卖，2023 年拍卖的配额比例为 54%。

4．覆盖范围

新西兰碳市场涵盖了除农业以外的所有经济部门，覆盖的温室气体包括二氧化碳、甲烷、一氧化二氮、六氟化硫、氢氟碳化物和全氟化碳。

5. 成交价格

新西兰碳市场成交价格年度间有波动，但最近几年的价格较前几年有所提高。2010—2024 年新西兰碳市场成交价格如图 7 - 7 所示。

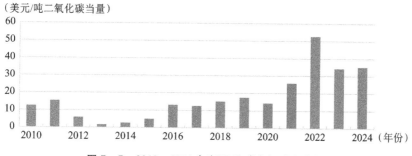

（美元/吨二氧化碳当量）

图 7 - 7　**2010—2024 年新西兰碳市场成交价格**

资料来源：World Bank Group. State and Trends of Carbon Pricing Dashboard ［EB/OL］. （2024 - 08 - 01）［2024 - 08 - 26］. https：//carbonpricingdashboard. worldbank. org/compliance/price.

6. 市场稳定机制

新西兰碳市场设定了拍卖底价与成本控制储备机制，旨在稳定市场价格并促进有效的排放控制。

（三）南非碳税

南非是非洲唯一实行碳定价的国家，其开征碳税，尚未实施 ETS。以下为碳税的相关规定。

1. 简介

南非是非洲最大的温室气体排放国之一，其碳密集型经济主要依赖煤炭能源。为了应对气候变化，减少碳排放，并履行《巴黎协定》中的承诺，南非政府于 2019 年 6 月 1 日正式实施了碳税。

2. 征税环节与纳税人

南非将征税环节设置在设施层面（点源）。纳税人为设施的经营者。

3. 征税范围

碳税适用于工业和热力、建筑、农林渔业燃料使用、废物处理、采掘、航空和交通部门排放的全部温室气体，适用的燃料范围包括煤炭、柴油、汽油、煤油、喷气燃料、其他石油产品、液化石油气、天然气、废物燃料，对非燃料排放物也征收碳税。

4. 计税依据与税率

南非采用直接排放法，以温室气体排放量为计税依据。2020—2024年，南非碳税税率分别为 7.05 美元/吨二氧化碳当量、9.15 美元/吨二氧化碳当量、9.83 美元/吨二氧化碳当量、8.92 美元/吨二氧化碳当量、10.08 美元/吨二氧化碳当量。

5. 税收优惠

部分企业可享受免税政策，免税比例为 60%—95%，具体取决于行业类别，根据贸易风险水平、排放绩效、抵消使用情况和碳预算计划的参与等因素来确定。

三、亚洲

（一）日本地方政府级碳市场与碳税

2023 年，日本在绿色转型（GX）框架体系下推出了碳排放交易体系

（GX–ETS），标志着其正式将建立国家碳市场提上工作议程。该系统启动之初，近570家公司参与其中，排放量占全国排放量的50%以上。碳市场第一阶段为2023—2025财年，未设置排放上限，参与企业原则上可以将2013年设置为基准年并确定基准排放量，或者选择2014—2021年中任意一年作为基准年，根据包含基准年在内的连续三年排放量平均值确定基准排放量。在这一阶段，由致力于减排事业的企业自发组成"绿色转型联盟"，加盟企业自主设定减排目标并披露该目标以接受监督，未完成目标的企业在碳市场购买碳排放权，因而可以认定其为自愿性碳市场。此举旨在充分发挥企业的积极性，将企业自主性与国家碳中和目标联合起来，由先驱企业率先探索和引导市场需求，为高排放且暂时转型困难的企业预留了一定时间。

日本预备从2026年起将自愿性碳市场过渡到强制性碳市场，并计划引入价格上限和下限以提高交易价格的可预测性。由自愿性转为强制性碳市场的原因是：第一，如果仅依靠企业自主设定减排目标，那些刻意设定较低目标的企业非常容易达成目标，从而更容易获得碳排放权，碳排放权交易的公平性将受到影响。第二，由于不具备强制性，碳减排效果可能会不显著，其有效性受到影响。现在日本正在运行的强制性碳市场为东京限额与交易计划、埼玉县碳市场，以及全国范围适用的碳税，以下为三项制度的相关规定。

1. 东京限额与交易计划

（1）简介。自2010年4月启动的东京限额与交易计划是日本第一个强制性碳市场，覆盖了大都市区约20%的排放量。其与埼玉排放交易体系相关联，信用额度可以相互交换。

（2）限额。总排放限额是每个被覆盖设施的绝对排放基线自下而上（bottom–up）的组合。

（3）配额分配。所有配额都是免费分配的，每个设施都有自己的排放限额。设施排放限额的计算公式是：基准年排放量×（1–合规系数）×

合规期（5年）。每个时期的合规系数根据东京都知事制定的法规确定。在每个新的合规期开始之前，东京都召开专家委员会会议，收集这些专家的意见，以帮助确定合规系数。

（4）覆盖范围。东京限额与交易计划适用于工业、电力与热力、建筑、采掘部门与能源使用相关的二氧化碳排放。

（5）成交价格。2012年，碳市场运行之初成交价格较高，之后一直下降。其中，2018—2022年下降到非常低的水平，2023—2024年有所上升。2012—2024年东京碳市场成交价格如图7-8所示。

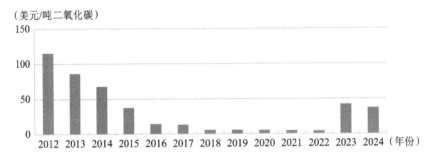

图7-8 2012—2024年东京碳市场成交价格

资料来源：World Bank Group. State and Trends of Carbon Pricing Dashboard［EB/OL］.（2024 - 08 -01）［2024 - 08 - 26］. https：//carbonpricingdashboard. worldbank. org/compliance/price.

（6）市场稳定机制。东京限额与交易计划下，被覆盖设施在场外交易，政府不控制碳价。但是，如果价格发展到被认为过高的水平，政府可以引入抵消信用额度。

2. 埼玉县碳市场

（1）简介。埼玉县碳市场是作为《埼玉县全球变暖战略推进条例》的一部分而设立的，自2011年启动，覆盖了工业和商业建筑领域的约600个实体。

（2）限额。该碳市场的限额是自下而上从每个设施级排放限额汇总而来的。

（3）配额分配方法。每个设施都有自己的上限，作为其必须实现减排目标的"基线"，其计算公式是：基准年排放量×（1－合规系数）×合规期（5 年）。合规系数逐步降低，相应限额逐步减少。基准年排放量是2002—2007 财年任何连续三年的平均排放量，由每个实体选择。新进入者的基准基于过去的排放量（履约期前四个财年中连续三个财年的平均年排放量）或政府提供的排放强度标准确定。在每个新的履约期开始时，除了为新进入者保留的配额外，所有配额都免费分配给被管控实体，被管控实体必须就超基准线的排放上交配额。

（4）覆盖范围。覆盖的行业为电力和热力、建筑物、工业、采掘；覆盖的企业为所覆盖行业中连续三年消耗超过 1500 千升原油能量的设施；覆盖的温室气体为二氧化碳。

（5）成交价格。自碳市场实施以来，配额的成交价格不断下降，从2011 年的 119.81 美元/吨二氧化碳下降到 2024 年的 0.94 美元/吨二氧化碳。2011—2024 年埼玉县碳市场成交价格如图 7－9 所示。

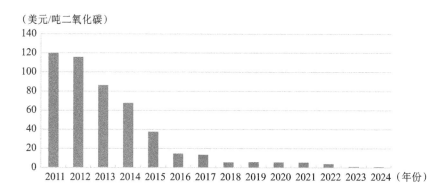

（美元/吨二氧化碳）

图 7－9　2011—2024 年埼玉县碳市场成交价格

资料来源：World Bank Group. State and Trends of Carbon Pricing Dashboard［EB/OL］．（2024－08－01）［2024－08－26］．https：//carbonpricingdashboard. worldbank. org/compliance/price.

3. 碳税

（1）简介。日本自 2012 年引入碳税，其正式名称为"减缓气候变化税"（tax for climate change mitigation）。为避免对企业生产经营造成负担，日本在引入碳税初期，税率较低，之后有所提高。

（2）征税环节与纳税人。日本将征税环节设在上游，化石燃料生产商均为纳税人。

（3）征税范围。第一，行业范围包括电力和热力、工业、采掘、交通、建筑等关键行业。第二，温室气体范围为全部温室气体。第三，燃料范围包括煤炭、柴油、汽油、煤油、其他石油产品、液化石油气、天然气。

（4）计税依据与税率。日本采用燃料法，以燃料消耗量作为计税依据。截至2024年1月，政府已明确设定了碳税的标准税率为1.90美元/吨二氧化碳当量。2012—2024年日本碳税税率如图7-10所示。

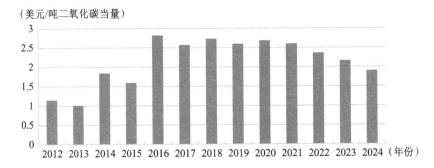

图 7 - 10　2012—2024 年日本碳税税率

资料来源：World Bank Group. State and Trends of Carbon Pricing Dashboard [EB/OL]. (2024 - 08 - 01) [2024 - 08 - 26]. https：//carbonpricingdashboard. worldbank. org/compliance/price.

（5）未来改革。自2028财年起，政府将对化石燃料开采运营商和进口商（如炼油厂、贸易公司和电力公司）征收碳税。

（二）印度尼西亚碳市场

前已述及，印度尼西亚于2021年10月颁布第98号总统条例《关于碳经济价值工具的文件》，提出四项碳定价机制，分别为碳市场、碳税、基于成果的支付（result-based payment，RBP）和根据科学技术发展而定的其他机制。根据该文件，2021 年 10 月印度尼西亚发布《税收法规协调法案》，宣布引入碳税。根据法案，碳税的纳税人是所有购买含碳商品或从事碳排放活动的个人或企业，涉及的部门包括能源、交通、农业、林业和废弃物处理部门等。税率受两个条件的约束：一是不低于碳市场价格，二是不低于 2 美元/吨二氧化碳当量。该法案提出，将于 2022 年 4 月率先对煤电行业开征碳税，并将于 2025 年根据国内经济情况等扩大碳税的适用范围。2022 年，能源大宗商品价格上升，碳税开征一再延迟，其中，印度尼西亚在 2022 年 3 月表示将原定于 2022 年 4 月开征的碳税推迟至 7 月，但 7月开征的计划又在随后被进一步推迟。目前，该国还未明确碳税的具体实施日期。以下为碳市场的相关规定。

1. 简介

2023 年，印度尼西亚开始对电力行业实施基于强度的碳市场，这被视为其气候策略的重大进展，为该国 2025 年过渡至"限额—税收—交易"的混合系统奠定了基础，表明该国正在转向更全面的碳减排治理方法。所谓"限额—税收—交易"，是指碳市场与碳税一起运作，未能履行碳市场义务的设施将被征收碳税，税率将与国内碳市场的价格挂钩。目前，碳税与碳市场衔接的细节仍未确定。2022 年 10 月，环境和林业部（MoEF）发布《碳经济价值实施指南》，包括抵消信用额度、特定行业的碳交易路线图、MRV 的相关制度安排等，为该国实施跨部门碳市场提供了法律依据。2022 年 12 月，能源和矿产资源部（MEMR）发布《发电子行业碳经济价值实施指南》，为在电力子行业实施碳定价奠定了法律基础。不同于延迟开征碳税，印度尼西亚政府有序推进 ETS，在文件中指出，在 2023—2024年、2025—2027 年和 2028—2030 年分三个阶段实施燃煤电厂碳交易。2023 年 2 月 22 日，印度尼西亚能源和矿产资源部推出针对发电行业、基于强度的强制性碳市场（nilai ekonomi karbon，NEK），覆盖容量超过 100兆瓦的发电设施，后续也可能覆盖较小的煤炭和化石燃料电厂。

2. 限额

碳市场仅适用于连接到 PLN 电网的燃煤电厂，排放上限约为 23.82 亿吨二氧化碳。第二阶段和第三阶段的上限尚未确定，但预计会比第一阶段更严格。

3. 配额分配

目前免费分配配额，未来会引入拍卖。

4. 覆盖范围

（1）行业范围。印度尼西亚国内发电结构以煤电为主，且发电量逐年增长。因此，煤炭是电力行业碳排放增长的主要驱动因素，煤电行业减排对该国实现减排目标十分关键。因此，印度尼西亚碳市场率先从煤电行业开始实施，后续再逐渐扩大覆盖范围。2023 年，碳市场覆盖了 99 家燃煤电厂，约占全国发电能力的 81.4%。

（2）燃料范围。覆盖煤、柴油、汽油、煤油、其他石油产品、液化石油气、天然气，以及非燃料排放。

（3）覆盖的温室气体包括二氧化碳、甲烷和一氧化二氮。

5. 成交价格

仅有 2024 年的资料，为 0.61 美元/吨二氧化碳当量。

6. 市场稳定条款

为保持价格稳定，避免出现价格过低的情况，能源和矿产资源部定期评估碳市场的实施情况并决定采取的措施。

（三）新加坡碳税

新加坡尚未建立碳市场，已经开征碳税，以下为碳税的相关规定。

1. 简介

新加坡于 2019 年 4 月 1 日正式实施碳税，成为亚洲首个引入碳税的国家，标志着新加坡在应对气候变化和推动可持续发展方面迈出了重要一步。新加坡碳税依据的是《碳定价法》。

2. 征税环节与纳税人

新加坡将征税环节设在设施层面（点源），年排放量达到或超过 25000 吨二氧化碳当量设施的经营者如大型工业和电力企业为纳税人。

3. 征税范围

碳税适用于电力和热力、工业、废物处理等排放的全部温室气体，适用的燃料范围包括煤炭、柴油、汽油、煤油、航运燃料、其他石油产品、液化石油气、天然气、废物燃料。另外，非燃料产生的排放也被征税。

4. 计税依据与税率

新加坡采用直接排放法，截至 2024 年 1 月，新加坡碳税的标准税率为 18.47 美元/吨二氧化碳。政府已设定了预定的税率轨迹，具体税率如表 7-1 所示。

表 7-1　　　　　　　　　　新加坡碳税税率轨迹

实施年份	碳税税率
2019—2023 年	5 新元/吨二氧化碳当量
2024—2025 年	25 新元/吨二氧化碳当量
2026—2027 年	45 新元/吨二氧化碳当量
2030 年以后	50—80 新元/吨二氧化碳当量

5. 税收优惠

新加坡碳税未设置优惠政策，原因是该国已通过限定设施温室气体排放规模将部分企业排除在碳税征收范围之外。同时，新加坡政府认为，没有优惠、简单的碳税制度有助于减少管理成本，并有助于在所有排放单位和整个经济中保持公平、统一和透明的碳价信号，更有利于激励减排。

（四）韩国碳市场

韩国尚未开征碳税，已经实施碳市场，以下为碳市场的相关规定。

1. 简介

韩国于 2015 年启动的碳市场（K - ETS）是根据 2010 年出台的《低碳绿色增长框架法》建立的，是该国实现 2030 年气候目标的重要工具。K - ETS 分为三个阶段，其中，第一阶段：3 年（2015—2017 年）；第二阶段：3 年（2018—2020 年）；第三阶段：5 年（2021—2025 年）。

2. 限额

限额根据《实现国家温室气体减排目标的基本路线图》确定，2024 年限额为 5.67 亿吨二氧化碳当量。

3. 配额的分配

配额或者免费发放，或者拍卖，拍卖比例不少于 10%。其中，EITE 行业根据生产成本和贸易强度基准获得免费配额。

4. 覆盖范围

第一，覆盖的部门与企业。碳市场覆盖海事、废物处理、国内航运、交通、建筑、工业、电力和热力、采掘，上述部门年二氧化碳排放量超过 125000 吨的企业，以及每年排放量超过 25000 吨二氧化碳的设施必须参与碳市场。第二，覆盖的温室气体包括二氧化碳、甲烷、一氧化二氮、氢氟碳化物、全氟化碳和六氟化硫。

5. 价格

韩国碳市场成交价年度间有波动。2015—2024 年韩国碳市场成交价格如图 7 – 11 所示。

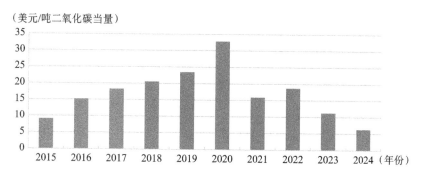

（美元/吨二氧化碳当量）

图 7 – 11　2015—2024 年韩国碳市场成交价格

资料来源：World Bank Group. State and Trends of Carbon Pricing Dashboard［EB/OL］. （2024 – 08 – 01）［2024 – 08 – 26］. https：//carbonpricingdashboard. worldbank. org/compliance/price.

6. 市场稳定条款

韩国规定，如连续 6 个月市场配额成交价格比前两年的平均价格高出 3 倍以上，则实施市场稳定措施，包括通过额外拍卖市场稳定储备中的配额、设置临时价格上限等。

（五）哈萨克斯坦碳市场

哈萨克斯坦尚未实行碳税，以下为 ETS 的相关规定。

1. 简介

2011 年，哈萨克斯坦修订了环境立法，为排放交易体系的发展奠定了基础。哈萨克斯坦于 2013 年 1 月启动了碳市场（KAZ ETS），2022 年覆盖了该国约一半的二氧化碳排放量，覆盖来自电力、集中供热、采掘业和制造业的 201 个设施。碳市场在 2016 年和 2017 年短暂停止运营，以解决市场中存在的问题和改革分配规则，但 MRV 规定仍然适用。该国碳市场分为五个阶段：第一阶段：1 年（2013 年）；第二阶段：2 年（2014—2015年）（2016—2017 年：系统暂停）；第三阶段：3 年（2018—2020 年）；第四阶段：1 年（2021 年）；第五阶段：4 年（2022—2025 年）。

2. 限额

KAZ ETS 的上限是根据装置的预期产量和基准自下而上形成的。

3. 配额分配

哈萨克斯坦免费分配配额。

4. 覆盖范围

第一，覆盖的部门范围。第一阶段为电力与集中供热、采掘业和制造业、油气开采、冶金、化工；第二阶段与第一阶段相同；第三阶段在第一阶段覆盖范围的基础上，增加建筑材料等部门；第四阶段和第五阶段与第三阶段相同。被覆盖的设施的标准为每年排放量超过 20000 吨二氧化碳的设施。第二，覆盖的温室气体仅有二氧化碳。第三，覆盖的燃料范围包括煤、柴油、汽油、煤油、其他石油产品、液化石油气、天然气，以及非燃料产生的碳排放。

5. 成交价格

2014 年、2015 年分别为 0.78 美元/吨二氧化碳、2.04 美元/吨二氧化碳。2016—2019 年资料缺失。2020—2024 年变化不大，分别为 1.11 美元/吨二氧化碳、1.17 美元/吨二氧化碳、1.08 美元/吨二氧化碳、1.12 美元/吨二氧化碳、1.05 美元/吨二氧化碳。

第八章 世界典型国家和地区碳定价比较与借鉴

气候系统本身具有不确定性，其与社会经济系统的相互作用更加具有不确定性。人们对气候变化、环境和社会经济系统的相互作用并未完全了解（Hasselmann, K., 1997），而气候变暖的严峻性要求各国不能等待科学界解决了所有不确定性问题后再采取行动。因而，一国或地区推出碳定价之后，根据整个社会对气候变化的认识、国内外政治经济形势的变化和技术发展情况对其进行调整。世界典型国家和地区所采用的碳定价工具不同，例如，有的仅实行 ETS、碳税中的一种，有的同时实行两种政策工具。另外，世界典型国家和地区的改革过程也有所不同，如大多数国家和地区顺利推出碳定价、个别国家改革失败。本章对世界典型国家和地区碳定价进行比较研究，并归纳出可供我国借鉴的经验。

一、世界典型国家和地区碳定价比较

（一）碳税比较

1. 类型比较

依据是否将碳税设立为新税种，可将碳税分为独立式与嵌入式两种类型。前者如新加坡、南非、芬兰、瑞典、挪威、丹麦和荷兰等，这些国家单独设立碳税税种；后者如日本、加拿大、英国、德国、法国、斯洛文尼亚、瑞典等，这些国家将碳税作为能源税等现有税种的一部分，例如，瑞典碳税是能源税的一部分，德国、斯洛文尼亚等国碳税是环境税或生态税的一部分。

2. 计税依据与纳税人比较

根据计算依据，碳税分为燃料法与直接排放法两种类型。

（1）燃料法以燃料消耗量为计税依据，无须测量实际排放量，这大大简化了征管，是世界各国采用的主要办法，瑞士、法国、芬兰、卢森堡、挪威、列支敦士登、冰岛、英国、加拿大、墨西哥、阿根廷、哥伦比亚、日本等国采用此种方法。该方法下，纳税人可以是燃料的进口商、销售者，也可以是消费者，纳税义务的发生时间可以是燃料量的进口、销售或消费环节。

（2）直接排放法以温室气体排放量为依据，如每吨二氧化碳（或二氧化碳当量）。波兰、斯洛文尼亚、爱沙尼亚、乌克兰、匈牙利、智利、荷兰、南非和新加坡等国家采用此种方法。直接排放法下，纳税人为拥有或经营排放二氧化碳等温室气体设施的企业。

3. 征税范围比较

（1）行业范围。一些国家或地区如挪威、丹麦、冰岛、爱尔兰、葡萄牙、南非加拿大哥伦比亚省等征税范围广泛，包括工业、电力和热力、交通、航运、采掘、农林渔业燃料使用等。一些国家碳税适用范围较窄，仅适用于一至两个行业，例如，斯洛文尼亚碳税适用于交通、建筑行业，爱沙尼亚碳税适用于电力和热力、工业，英国碳税适用于电力和热力，西班牙碳税适用于工业。农业是比较特殊的部门，目前一些国家对农林渔业的燃料燃烧征税，但尚未有国家对农场牛、羊、猪排放的温室气体开征碳税。实践中，农场牛、羊、猪等排放的温室气体是农业温室气体排放的主要来源之一，为达到碳减排目标，丹麦已经宣布自 2030 年起对其征税。丹麦政府开征此税的想法由来已久，但一直面临农民和一些反对党以及该行业利益组织的反对。2024 年 6 月 24 日，丹麦政府宣布与农业和食品委员会、丹麦自然保护协会等达成协议，从 2030 年起对农场牛、羊、猪排放的温室气体开征碳税，使丹麦成为世界上第一个对农场牛、羊、猪等排放征税的国家。税率从低到高，其中，2030 年为每吨二氧化碳 300 丹麦克朗（43 美元），到 2035 年增加到 750 丹麦克朗（108 美元）。为了能够顺利引入该税，丹麦规定纳税人在计算应纳税款时，将温室气体排放量扣减 60%（即给予税基优惠），另外，丹麦政府还将从财政预算中拨出约 400 亿丹麦克朗，设立一个新的基金——丹麦绿色区域基金。该基金将用于重新植树造林，以及开采富含碳的低洼土壤等。新西兰也在考虑对农场牛、羊、猪等排放的温室气体征收碳税。

（2）设施标准。每个设施温室气体排放量不同，各国（地区）都对温室气体排放量超过一定标准的设施征税。例如，新加坡碳税适用于每年排放超过 25000 吨二氧化碳当量的设施，只要满足排放标准即适用碳税，没有任何税收优惠。国家或地区通过设定标准，将多数行业或企业排除在征税范围之外，体现抓大放小的特点，符合效率原则。

（3）气体范围。不同国家（地区）碳税适用的温室气体范围不同，大致可分为 4 个类别。第一，仅对氟化气体征税。在所有已经开征碳税的国家与地区中，西班牙最为独特，其碳税适用于非燃料燃烧产生的氢氟碳化物、全氟化碳和六氟化硫。第二，仅对二氧化碳征税。如芬兰、瑞典、拉脱维亚、斯洛文尼亚、乌克兰等。第三，对包括二氧化碳在内的部分温室气体征税。如冰岛、荷兰等。第四，对所有温室气体征税，如波兰、丹麦等。各国碳税覆盖的温室气体占全部温室气体的比重差异较大，例如，2024 年挪威为 65%，西班牙与拉脱维亚仅为 2%。

（4）燃料范围。一些国家如瑞典、丹麦、日本和南非覆盖了所有化石燃料，芬兰覆盖除泥炭以外的所有化石燃料。不同国家和地区碳税适用范围如表 8-1 所示。

表 8 - 1　　　　　　　　不同国家和地区碳税适用范围比较

序号	国家和地区	行业范围	温室气体		燃料范围**
			范围	占比(%)*	
1	芬兰	工业、采掘、交通、建筑、农林渔业	二氧化碳	45	煤、柴油、汽油、煤油、其他石油产品、液化石油气、天然气
2	波兰	所有行业	所有	24	煤、柴油、汽油、煤油、其他石油产品、天然气
3	挪威	电力和热力、工业、采掘、交通、航运、建筑、农林渔业、废物处理	二氧化碳、甲烷、氢氟碳化物、全氟化碳	65	柴油、汽油、煤油、喷气燃料、其他石油产品、液化石油气、天然气、作为燃料的废物
4	瑞典	电力和热力、工业、采掘、交通、航运、建筑、农林渔业	二氧化碳	40	煤、柴油、汽油、煤油、喷气燃料、其他石油产品、液化石油气、天然气
5	丹麦	电力和热力、工业、采掘、交通、航运、建筑、农林渔业	所有	48	煤、柴油、汽油、煤油、喷气燃料、其他石油产品、液化石油气、天然气、作为燃料的废物
6	拉脱维亚	电力和热力、工业、采掘	二氧化碳	2	煤、柴油、汽油、煤油、其他石油产品、液化石油气、天然气
7	斯洛文尼亚	交通、建筑	二氧化碳	46	煤、柴油、汽油、煤油、其他石油产品、液化石油气、天然气
8	爱沙尼亚	电力和热力、工业	二氧化碳	10	煤、柴油、汽油、煤油、其他石油产品、液化石油气、天然气

续表

序号	国家和地区	行业范围	温室气体范围	占比(%)*	燃料范围**
9	瑞士	电力和热力、工业、采掘、航运	二氧化碳	35	煤、煤油、其他石油产品、液化石油气、天然气
10	加拿大联邦	电力和热力、工业、采掘、交通、建筑、农林渔业	所有	31	煤、柴油、汽油、煤油、喷气燃料、其他石油产品、液化石油气、天然气
11	加拿大不列颠哥伦比亚省	电力和热力、工业、采掘、交通、航运、建筑、农林渔业	二氧化碳、甲烷、一氧化二氮、氢氟碳化物、六氟化硫、全氟化碳	80	煤、柴油、汽油、喷气燃料、其他石油产品、液化石油气、天然气
12	加拿大西北地区	电力和热力、工业、采掘、交通、航运、建筑、农林渔业	二氧化碳	76	柴油、汽油、喷气燃料、其他石油产品、液化石油气、天然气
13	匈牙利	电力和热力、航运	—	32	—
14	冰岛	电力和热力、工业、交通、航运、建筑、农林渔业	二氧化碳、氢氟碳化物、全氟化碳	36	柴油、汽油、煤油、其他石油产品、液化石油气、天然气
15	爱尔兰	电力和热力、工业、交通、航运、建筑、农林渔业	二氧化碳	34	煤、柴油、汽油、煤油、其他石油产品、液化石油气、天然气
16	日本	电力和热力、工业、采掘、交通、建筑	所有	80	煤、柴油、汽油、煤油、其他石油产品、液化石油气、天然气
17	英国	电力和热力	二氧化碳	13	煤、柴油、汽油、煤油、其他石油产品、液化石油气、天然气

续表

| 序号 | 国家和地区 | 行业范围 | 温室气体 | | 燃料范围** |
			范围	占比 (%)*	
18	法国	工业、交通、建筑	二氧化碳	40	煤、柴油、汽油、煤油、其他石油产品、液化石油气、天然气
19	葡萄牙	电力和热力、工业、采掘、交通、航运、建筑、农林渔业	二氧化碳	40	煤、柴油、汽油、煤油、喷气燃料、其他石油产品、液化石油气、天然气
20	南非	电力和热力、工业、采掘、航运、建筑、农林渔业	所有	82	煤、柴油、汽油、煤油、喷气燃料、其他石油产品、液化石油气、天然气、作为燃料的废物
21	智利	电力和热力、工业、采掘	二氧化碳	55	煤、柴油、汽油、煤油、其他石油产品、液化石油气、天然气
22	哥伦比亚	电力和热力、工业、采掘、交通、航运、建筑、农林渔业	所有	20	柴油、汽油、煤油、喷气燃料、其他石油产品、液化石油气
23	乌克兰	电力和热力、工业、采掘、建筑、废料处理、LULUC 土地利用、土地利用变化与林业	二氧化碳	32	煤、柴油、汽油、煤油、其他石油产品、液化石油气、天然气
24	列支敦士登	电力和热力、工业、采掘、交通、建筑	二氧化碳	72	煤、柴油、汽油、煤油、其他石油产品、液化石油气、天然气
25	新加坡	电力和热力、工业、废物处理	所有	79	煤、柴油、汽油、煤油、喷气燃料、其他石油产品、液化石油气、天然气、作为燃料的废物
26	荷兰	电力和热力、工业、采掘、垃圾处理	二氧化碳、一氧化二氮	45	煤、柴油、汽油、煤油、喷气燃料、其他石油产品、液化石油气、天然气、作为燃料的废物

续表

序号	国家和地区	行业范围	温室气体		燃料范围 **
			范围	占比 (%)*	
27	阿根廷	电力和热力、工业、采掘、交通、航运、建筑、农林渔业	所有	38	煤、柴油、汽油、煤油、其他石油产品
28	西班牙	工业	氢氟碳化物、全氟化碳、六氟化硫	2	—
29	卢森堡	电力和热力、采掘、交通、建筑	二氧化碳	72	煤、柴油、汽油、煤油、其他石油产品、液化石油气、天然气
30	乌拉圭	电力和热力、工业、采掘、交通、航运、建筑、农林渔业	所有	5	汽油
31	墨西哥 ***	电力和热力、工业、采掘、交通、航运、建筑、农林渔业	二氧化碳	29	煤、柴油、汽油、煤油、喷气燃料、其他石油产品、液化石油气
32	阿尔巴尼亚	电力和热力、工业、交通、航空、建筑、农林渔业	—	73	—

注：*指碳税覆盖的温室气体占当地温室气体排放的比重。**指波兰、挪威、英国、南非、新加坡还对非燃料产生的排放征税；西班牙仅对非燃料征税。***指墨西哥有 6 个州实行碳税，这里未列入。

资料来源：World Bank Group. State and Trends of Carbon Pricing Dashboard［EB/OL］. (2024 – 08 – 01) ［2024 – 08 – 26］. https：//carbonpricingdashboard. worldbank. org/compliance/price.

4. 税率比较

(1) 确定税率的策略。大多数国家在实行碳税之初设置了较低的税率，之后逐步提高。智利等个别国家比较特殊，其碳税自开征以来，税率一直没有发生变化。

（2）确定税率的技术方法。目前，没有国家根据碳社会成本确定税率，大多数国家根据本国碳减排目标确定，个别国家根据收入目标确定。例如，智利征收碳税的动机之一是为其将要进行的重大教育改革筹集资金（Pizarro，R. 等，2017），因而可以认为其采用了收入法确定税率。

（3）税率的调整。世界各国采用两种方法来调整税率。一是自动调整，哥伦比亚、丹麦、墨西哥、冰岛、荷兰和瑞典已将其碳税和能源税与通货膨胀挂钩。例如，哥伦比亚初始税率定为 5 美元，根据每年通胀率再加 1 个百分点调整税率，直到税率达到 10 美元。在实施碳税的第一年，哥伦比亚取得了近 2.5 亿美元的税收收入，超过了最初的预期。二是相机抉择，例如，挪威、爱尔兰每年都会审查其碳税率，并根据国内外形势调整税率。不同国家和地区碳税税率、税收收入和监管环节如表 8－2 所示。

表 8－2　　　　不同国家和地区碳税税率、税收收入和监管环节

序号	国家和地区	税率（2024 年）*（美元/吨二氧化碳当量）	税收收入（2023 年）（百万美元）	监管环节
1	芬兰	99.99	1419	上游
2	波兰	—	1	点源
3	挪威	107.78	1508	上游
4	瑞典	127.26	2173	上游
5	丹麦	28.21	479	上游、点源
6	拉脱维亚	16.12	8	上游
7	斯洛文尼亚	18.60	91	上游
8	爱沙尼亚	2.15	2	点源
9	瑞士	132.12	1166	上游
10	加拿大联邦	58.95	5719	上游
11	加拿大不列颠哥伦比亚省	58.95	1958	上游
12	加拿大西北地区	58.95	43	上游
13	匈牙利	38.70	115	—
14	冰岛	36.51	56	上游
15	爱尔兰	60.19	1017	上游
16	日本	1.91	1673	上游

续表

序号	国家和地区	税率（2024 年）* （美元/吨二氧化碳当量）	税收收入（2023 年） （百万美元）	监管环节
17	英国	22.62	994	点源
18	法国	47.94	8374	上游
19	葡萄牙	—	495 **	上游
20	南非	10.09	127	点源
21	智利	5	0.20 ***	下游
22	哥伦比亚	6.68	124	上游
23	乌克兰	0.77	86	点源
24	列支敦士登	132.12	5	上游
25	新加坡	18.48	162	点源
26	荷兰	71.48	—	点源
27	阿根廷	0.81	198	上游
28	西班牙	16.12	103	上游
29	卢森堡	49.91	295	上游
30	乌拉圭	167.17	275	上游
31	墨西哥 ****	4.31	437	上游
32	阿尔巴尼亚	13.11	—	—

注：＊指有的国家有多重税率，本表只显示主要税率。例如，2024 年挪威税率为 619—1174 美元，主要税率为 1174 美元。＊＊指葡萄牙为 2022 年的收入。＊＊＊指：世界银行网站中，智利 2022 年碳税收入以本币为单位，这里根据 2022 年 12 月 31 日智利兑美元汇率（1USD＝848.248CLP）计算。＊＊＊＊指墨西哥有 6 个州实行碳税，这里未列入。"—"表示无资料。

资料来源：WB. State and Trend of Carbon Pricing Dashboard. [EB/OL]. (2024 - 08 - 01) [2024 - 08 - 26]. https://carbonpricingdashboard.worldbank.org.

5. 税收优惠比较

不同国家或地区根据自身情况，在碳税中设有税收优惠条款，包括低税率、免税、起征点等，分为以下四个类别：

（1）不在本国排放温室气体。例如，国际航运所用燃料、用于出口的燃料，免税。

（2）避免碳税对社会造成过大负面影响，并保护国内产业的竞争力。例如，一些国家对涉及民生的交通、EIET 行业给予减免税。

（3）避免双重征税。较多国家对 ETS 覆盖的经营者免征碳税。

（4）确保经济高效转型。例如，南非给予企业减税优惠，减税程度取决于企业的贸易风险水平、排放绩效、抵消使用、参与碳预算计划和逃逸排放等因素。新加坡起征点设置得较高，将排放量低于一定水平的设施排除在征税范围之外，除了起征点之外，没有设置其他税收优惠。新加坡认为，简洁的税制有助于降低税收征管成本，对所有排放单位建立释放一个统一、透明且公平的碳价信号，更好地实现碳减排。

6. 碳税管理比较

实行燃料法的国家或地区，碳税的管理机关一般为税务机关，纳税人将消耗的燃料数量记录在账簿中留待备查。实行直接排放法的国家或地区，碳税的管理机关可能是税务机关也可能是其他机关，如新加坡由国家环境局负责碳税征收。与燃料法不同，直接排放法下纳税人需要安装测量特定设施温室气体排放量的设备，并在每个报告期提供由国家环境局认可的独立第三方验证排放报告。如果纳税人没有按照规定提交验证后的排放报告，或提交的排放报告不符合要求，国家环境局可自行进行评估。南非碳税由税务部门征收，但纳税人需要向环境部门报告温室气体排放。在纳税人不能自行核算温室气体排放量的情况下，可由环境部门核定。

（二）碳市场比较

1. 类型比较

从全球范围看，实行限额与交易 ETS 的国家和地区较多，如欧盟、英国、德国、日本东京、美国加利福尼亚州。也有一些国家或地区实行的是基于强度的 ETS，如中国与加拿大。

2. 限额比较

限额与交易的碳市场，限额由政府事先确定；基于强度的碳市场，限额为自下而上的、由不同企业限额加总计算得出。无论哪种类型的碳市场，限额均是逐年下降的，其中，前者通过规定减排系数等方式来减少配额总量；后者通过提高碳排放强度等方式来减少配额总量。减少限额的目的，在于给市场主体提供价格信号，有效发挥 ETS 推动碳减排的作用。

3. 配额分配比较

少数国家免费分配配额，如我国全国碳市场，大多数国家或地区在推出碳市场之初免费分配配额，以后引入拍卖制度并逐步增加拍卖的比重。配额有偿分配是"污染者付费"基本原则的体现，在配额免费发放的基础上引入部分有偿分配，有利于促进碳市场形成合理碳价，提高二级市场交易活跃度。为避免碳泄漏和 EIET 行业的竞争力受到影响，大多数国家对钢铁、非金属矿等给予免费配额。需要注意的是，个别新建碳市场一开始就采用拍卖的分配方法，例如，美国华盛顿州配额全部拍卖，拍卖所得用于再投资，因此该碳市场被称为"限额和投资"（cap‐and‐invest）市场。

4. 覆盖范围比较

（1）行业范围。

①电力和热力、工业。ETS 首先覆盖电力和工业部门，原因是这些部门是碳排放大户并且数据质量较高，企业对减排成本和碳减排方法的了解程度高，有能力参与碳市场。

②建筑、采掘、交通等。这些行业温室气体排放数据的获取不如电力行业方便，因而是后来逐步纳入 ETS 的。例如，韩国、德国、奥地利、日本东京 ETS 等已经率先将大型商业建筑作为管控对象以实现减排目标。

③农林渔业燃料使用和废物处理。这些部门温室气体排放量较大，但

MRV 仍不健全，也面临农民与行业组织的反对，纳入碳市场的时间较晚。

（2）设施范围。前已述及，ETS 适用于较大的排放源，实践中较多国家对设施设定了一定的标准，例如，黑山规定，发电量超过 20 兆瓦的发电厂才纳入 ETS。

（3）温室气体范围。目前，除西班牙仅覆盖氟化气体外，所有国家与地区的碳定价都覆盖二氧化碳，其中，有的仅覆盖二氧化碳，如黑山、德国；有的覆盖二氧化碳与其他温室气体，如英国覆盖二氧化碳、一氧化二氮、全氟化合物；有的覆盖所有温室气体，如加拿大魁北克省。总的来看，刚刚实行 ETS 的国家或地区，覆盖温室气体范围较窄，实行一段时间之后，覆盖温室气体范围逐步变宽。例如，EU ETS 的第一阶段只覆盖二氧化碳，目前已经扩展到覆盖二氧化碳、氢氟碳化物、一氧化二氮、全氟化碳、六氟化硫等温室气体。

（4）燃料范围。所有国家或地区均覆盖化石燃料，也有一些国家和地区如欧盟、加拿大、瑞士、新西兰、哈萨克斯坦、韩国、澳大利亚、墨西哥、英国、黑山等覆盖非燃料排放。

（5）地区范围。一国或地区的 ETS 适用于本国或本地区。区域 ETS 覆盖范围较广，例如，EU ETS 覆盖了 27 个欧盟成员国和欧洲自由贸易联盟（EFTA）成员国冰岛、列支敦士登和挪威，以及北爱尔兰的发电厂（英国 2021 年实行本国的 ETS，但北爱尔兰的发电厂仍适用 EU ETS）。世界典型国家和地区 ETS 覆盖范围如表 8-3 所示。

表 8-3　　　　　　　世界典型国家和地区 ETS 覆盖范围

序号	国家和地区	行业范围	覆盖的温室气体		燃料范围 **
			范围	占比（%）	
1	欧盟 ETS	电力和热力、工业、采掘、航运、海运	二氧化碳、一氧化二氮、全氟化碳	38	煤、柴油、汽油、煤油、喷气燃料、其他石油产品、液化石油气、天然气

续表

序号	国家和地区	行业范围	覆盖的温室气体		燃料范围**
			范围	占比(%)	
2	(加)阿尔伯塔省技术创新与减排计划	电力和热力、工业等	全部温室气体	62*	煤、柴油、汽油、煤油、其他石油产品、液化石油气、天然气
3	(加)魁北克省限额与交易计划	电力和热力、工业、采掘、交通、建筑、农林渔业	全部温室气体	79*	煤、柴油、汽油、煤油、其他石油产品、液化石油气、天然气
4	(加)不列颠哥伦比亚省基于产出的定价机制	电力等	—	—	煤、柴油、汽油、煤油、喷气燃料、其他石油产品、液化石油气、天然气
5	(加)联邦基于产出的定价机制	电力和热力、工业、采掘	全部温室气体	1*	煤、柴油、汽油、煤油、其他石油产品、液化石油气、天然气
6	(加)新斯科舍省基于产出的工业定价体系	工业与电力	—	87*	—
7	(加)萨斯喀彻温省的基于产出的绩效标准	电力和热力、工业、采掘	全部温室气体	43*	煤、柴油、汽油、煤油、其他石油产品、液化石油气、天然气
8	(加)新不伦瑞克省基于产出的定价机制	电力和热力、工业、采掘、交通等	—	52*	—
9	(加)安大略省的排放绩效标准	电力和热力、工业、采掘	全部温室气体	26*	煤、柴油、汽油、煤油、其他石油产品、液化石油气、天然气

续表

序号	国家和地区	行业范围	覆盖的温室气体		燃料范围**
			范围	占比(%)	
10	(加)纽芬兰与拉布拉多省的绩效标准机制	电力和热力、工业、采掘	—	38	煤、柴油、汽油、煤油、其他石油产品、液化石油气、天然气
11	瑞士 ETS	电力和热力、工业、采掘、航运	—	12	煤、柴油、汽油、煤油、其他石油产品、液化石油气、天然气
12	新西兰 ETS	电力和热力、工业、采掘、交通、航运、建筑、农林渔业	—	48	煤、柴油、汽油、煤油、喷气燃料、其他石油产品、液化石油气、天然气
13	(美)区域温室气体减排行动	电力和热力	二氧化碳	14*	煤、柴油、汽油、煤油、其他石油产品、液化石油气、天然气
14	(美)加州限额与交易计划	电力和热力、工业、采掘、交通、建筑、农林渔业	—	76*	煤、柴油、汽油、煤油、喷气燃料、其他石油产品、液化石油气、天然气
15	(美)华盛顿州的限额与投资计划	电力和热力、工业、采掘、交通、建筑、农林渔业	—	70*	煤、柴油、汽油、煤油、喷气燃料、其他石油产品、液化石油气、天然气
16	(美)马萨诸塞州 ETS	电力和热力	二氧化碳	9*	煤、柴油、汽油、煤油、其他石油产品、液化石油气、天然气
17	(日)东京都总量和交易计划	电力和热力、工业、采掘、建筑	二氧化碳	18*	柴油、汽油、煤油、其他石油产品、液化石油气、天然气
18	(日)埼玉县 ETS	电力和热力、工业、采掘、建筑	二氧化碳	18*	柴油、汽油、煤油、其他石油产品、液化石油气、天然气
19	哈萨克斯坦 ETS	电力和热力、工业、采掘	二氧化碳	47	煤、柴油、汽油、煤油、其他石油产品、液化石油气、天然气
20	中国 ETS	电力	二氧化碳	32	煤、柴油、汽油、煤油、其他石油产品、液化石油气、天然气、作为燃料的废物

续表

| 序号 | 国家和地区 | 行业范围 | 覆盖的温室气体 | | 燃料范围** |
			范围	占比(%)	
21	（中）深圳ETS试点	工业、交通等	二氧化碳	30*	煤、柴油、汽油、煤油、其他石油产品、液化石油气、天然气
22	（中）上海ETS试点	钢铁、石化、水运等	二氧化碳	36*	煤、柴油、汽油、煤油、喷气燃料、其他石油产品、液化石油气、天然气
23	（中）北京ETS试点	工业、交通等	二氧化碳	24*	煤、柴油、汽油、煤油、其他石油产品、液化石油气、天然气
24	（中）广东ETS试点	纺织、陶瓷、数据中心等	二氧化碳	40*	煤、柴油、汽油、煤油、喷气燃料、其他石油产品、液化石油气、天然气
25	（中）天津ETS试点	化工、油气开采等	二氧化碳	35*	煤、柴油、汽油、煤油、其他石油产品、液化石油气、天然气
26	（中）湖北ETS试点	工业	二氧化碳	27*	煤、柴油、汽油、煤油、其他石油产品、液化石油气、天然气
27	（中）重庆ETS试点	钢铁、建材等	全部温室气体	51*	煤、柴油、汽油、煤油、其他石油产品、液化石油气、天然气
28	（中）福建ETS试点	钢铁、有色、建材等	二氧化碳	51*	煤、柴油、汽油、煤油、其他石油产品、液化石油气、天然气
29	韩国ETS	电力和热力、工业、采掘、交通、航运、建筑、废物处理	全部温室气体	89	煤、柴油、汽油、煤油、其他石油产品、液化石油气、天然气

续表

| 序号 | 国家和地区 | 行业范围 | 覆盖的温室气体 | | 燃料范围** |
			范围	占比（%）	
30	澳大利亚保障机制	电力和热力、工业、采掘、交通、航运、废物处理	二氧化碳、甲烷、一氧化二氮、氢氟碳化物、六氟化硫、全氟化碳,其他	26	煤、柴油、汽油、煤油、喷气燃料、其他石油产品、液化石油气、天然气
31	墨西哥试点 ETS	电力和热力、工业、采掘	二氧化碳	0.4	煤、柴油、汽油、煤油、其他石油产品、液化石油气、天然气
32	印度尼西亚ETS	电力	—	26	—
33	德国 ETS	电力和热力、工业、采掘、交通、建筑、农林渔业	二氧化碳	39	煤、柴油、汽油、煤油、其他石油产品、液化石油气、天然气
34	黑山 ETS	电力和热力、工业、采掘	二氧化碳	43	煤、柴油、汽油、煤油、液化石油气、天然气
35	英国 ETS	电力和热力、工业、采掘、航运	二氧化碳、一氧化二氮、全氟化碳	28	煤、柴油、汽油、煤油、喷气燃料、其他石油产品、液化石油气、天然气
36	奥地利 ETS	电力和热力、工业、采掘、交通、航运、建筑、农林渔业	全部温室气体	40	煤、柴油、汽油、煤油、其他石油产品、液化石油气、天然气

注：* 指 ETS 覆盖的温室气体占本地温室气体排放的比重。** 指欧盟、（加）阿尔伯塔省、（加）魁北克省、（加）不列颠哥伦比亚省、（加）联邦、（加）萨斯喀彻温省、（加）安大略省、（加）纽芬兰与拉布拉多省、瑞士、新西兰、（美）加利福尼亚州、（美）华盛顿州、（日）东京都、哈萨克斯坦、（中）深圳、（中）上海、（中）北京、（中）广东、（中）天津、（中）湖北、（中）重庆、（中）福建、韩国、澳大利亚、墨西哥、黑山、英国的碳市场除覆盖表中燃料外，还覆盖非燃料排放的温室气体。

资料来源：World Bank Group. State and Trends of Carbon Pricing Dashboard [EB/OL]. (2024 - 08 - 01) [2024 - 08 - 26]. https://carbonpricingdashboard.worldbank.org/compliance/price.

5. 成交价格比较

每个国家和地区的经济发展情况不同、限额不同、配额分配方式不同，配额成交价格差异非常大。其中，欧盟、瑞士、加拿大、英国、德国、奥地利成交价格较高，近年来在 50 美元左右，而印度尼西亚、哈萨克斯坦成交价格非常低，只有 1 美元左右。欧盟及各国家级碳市场自实施以来的成交价格如表 8-4 所示。

表 8-4　　　　欧盟及各国家级碳市场自实施以来的成交价格

单位：美元/二氧化碳当量

年份	欧盟ETS	瑞士ETS	加拿大联邦基于产出的定价机制	新西兰ETS	哈萨克斯坦ETS	中国ETS	韩国ETS	德国ETS	英国ETS	奥地利ETS	澳大利亚收入保障机制	印度尼西亚ETS	黑山ETS
2005	19.04	—	—	—	—	—	—	—	—	—	—	—	—
2006	32.24	—	—	—	—	—	—	—	—	—	—	—	—
2007	1.25	—	—	—	—	—	—	—	—	—	—	—	—
2008	34.48	—	—	—	—	—	—	—	—	—	—	—	—
2009	15.55	—	—	—	—	—	—	—	—	—	—	—	—
2010	17.26	—	—	12.43	—	—	—	—	—	—	—	—	—
2011	23.75	19.5	—	15.37	—	—	—	—	—	—	—	—	—
2012	9.29	19.94	—	5.75	—	—	—	—	—	—	—	—	—
2013	6.06	18.97	—	1.67	—	—	—	—	—	—	—	—	—
2014	6.75	45.57	—	2.68	0.78	—	—	—	—	—	—	—	—
2015	7.68	12.39	—	4.93	2.04	—	9.1	—	—	—	—	—	—
2016	4.87	9.23	—	13.03	no	—	15.14	—	—	—	—	—	—
2017	5.64	6.94	—	12.51	no	—	18.23	—	—	—	—	—	—
2018	16.36	9.29	—	15.22	no	—	20.51	—	—	—	—	—	—
2019	24.5	8.03	—	17.53	no	—	23.45	—	—	—	—	—	—
2020	18.53	19.84	—	14.3	1.11	—	32.78	—	—	—	—	—	—

续表

年份	欧盟ETS	瑞士ETS	加拿大联邦基于产出的定价机制	新西兰ETS	哈萨克斯坦ETS	中国ETS	韩国ETS	德国ETS	英国ETS	奥地利ETS	澳大利亚收入保障机制	印度尼西亚ETS	黑山ETS
2021	49.77	46.1	31.83	25.75	1.17	—	15.89	29.36	—	—	—	—	—
2022	86.52	65.59	39.96	52.62	1.08	9.19	18.74	33.15	98.99	—	—	—	—
2023	96.29	93.8	48.03	34.19	1.12	8.15	11.23	32.62	88.12	35.34	—	—	—
2024	61.3	59.17	58.94	35.1	1.05	12.57	6.3	48.37	45.06	48.37	21.9	0.61	25.79

除欧盟与国家级碳市场外，还有 22 个地方级碳市场。其中，我国地方碳市场成交价格已在表 3 – 1 中列出（10 美元左右），这里不再重复列示。表 8 – 5 为中国以外的地方级碳市场成交价格。

表 8 – 5　　　　　　　中国以外的地方级碳市场成交价格　　　　单位：美元/二氧化碳当量

年份	(加)阿尔伯塔省技术创新与减排计划	(加)魁北克省限额与交易计划	(加)不列颠哥伦比亚省基于产出的定价机制	(加)萨斯喀彻温省基于产出的绩效标准	(加)新不伦瑞克省基于产出的定价机制	(加)纽芬兰与拉布拉多省的绩效标准机制	(美)区域温室气体减排行动	加利福尼亚州限额与交易计划	华盛顿州限额与投资计划	马萨诸塞州ETS	(日)东京限额与交易计划	(日)埼玉县ETS
2007	12.97	—	—	—	—	—	—	—	—	—	—	—
2008	14.6	—	—	—	—	—	3.38	—	—	—	—	—
2009	11.86	—	—	—	—	—	3.87	—	—	—	—	—
2010	14.88	—	—	—	—	—	2.3	—	—	—	—	—
2011	15.57	—	—	—	—	—	2.08	—	—	—	—	119.81
2012	15.12	—	—	—	—	—	2.13	—	—	—	115.66	115.66
2013	14.75	—	—	—	—	—	3.85	—	—	—	86.27	86.27
2014	13.6	11.69	—	—	—	—	3.93	—	—	—	67.78	67.78
2015	11.89	12.49	—	—	—	—	5.9	10	—	—	37.51	37.51

续表

年份	(加)阿尔伯塔省技术创新与减排计划	(加)魁北克省限额与交易计划	(加)不列颠哥伦比亚省基于产出的定价机制	(加)萨斯喀彻温省基于产出的绩效标准	(加)新不伦瑞克省基于产出的定价机制	(加)纽芬兰与拉布拉多省的绩效标准机制	(美)区域温室气体减排行动	加利福尼亚州限额与交易计划	华盛顿州限额与投资计划	马萨诸塞州ETS	(日)东京限额与交易计划	(日)埼玉县ETS
2016	15.37	12.8	—	—	—	—	5.23	14.48	—	—	14.64	14.64
2017	22.53	15.08	—	—	—	—	3.94	11.69	—	—	13.38	13.38
2018	23.25	15.1	—	—	—	—	4.3	12.49	—	—	5.68	5.68
2019	22.49	15.77	—	—	—	—	4.94	12.8	—	—	5.85	5.85
2020	21.1	21.75	—	—	—	—	5.13	15.08	—	—	5.57	5.57
2021	31.83	17.94	19.89	31.83	—	23.87	8.69	15.1	—	8.19	4.87	5.41
2022	39.96	38.58	19.98	39.96	39.96	39.96	13.89	15.77	—	6.5	4.41	3.83
2023	48.03	29.84	18.47	48.03	48.03	48.03	15.38	15.3	22.2	0.5	41.95	1.07
2024	58.94	38.59	58.94	58.94	58.94	58.94	17.64	17.94	25.75	12.05	36.91	0.94

注："—"表示该国尚未实行ETS。

资料来源：World Bank Group. State and Trends of Carbon Pricing Dashboard [EB/OL]. (2024 - 08 - 01) [2024 - 08 - 26]. https://carbonpricingdashboard. worldbank. org/compliance/price.

6. 市场稳定机制比较

为避免碳市场出现较大波动，一些国家如新西兰、韩国设有市场稳定机制条款，包括设置储备配额、规定最低碳价等。例如，加州设立了拍卖底价、价格上限和配额价格控制储备，以稳定市场价格并防止价格波动；新西兰设定了拍卖底价与成本控制储备机制，旨在稳定市场价格并促进有效的排放控制；韩国规定，如连续6个月市场配额成交价格至少比前两年的平均价格高出3倍，则实施市场稳定措施，包括通过额外拍卖市场稳定储备中的配额、设置临时价格上限等。

7. 政府收入比较

从世界范围看，不同国家或地区来自碳市场的收入差异非常大。不同国家或地区来自 ETS 的收入与监管环节如表 8-6 所示。

表 8-6   不同国家或地区来自 ETS 的收入与监管环节   单位：百万美元

序号	名称	2022 年收入	2023 年收入	监管点
1	欧盟 ETS	42838	47369	点源
2	（加）阿尔伯塔省技术创新与减排计划	476	638	点源
3	（加）魁北克省限额与交易计划	1069	1049	上游、点源、下游
4	（加）不列颠哥伦比亚省基于产出的定价机制	—	—	点源
5	（加）联邦基于产出的定价机制	93	96	上游和源头
6	（加）新斯科舍省基于产出的工业定价机制	42	25	—
7	（加）萨斯喀彻温省的基于产出的绩效标准	—	22	点源
8	（加）新不伦瑞克省基于产出的定价机制	—	—	点源
9	（加）安大略省的排放绩效标准	—	—	点源
10	（加）纽芬兰与拉布拉多省的绩效标准机制	—	—	点源
11	瑞士 ETS	47	39	点源
12	新西兰 ETS	23.01	22.00	上游、点源
13	（美）区域温室气体减排行动	1194	1265	上游
14	（美）加州限额与交易计划	4027	4721	上游、点源、下游
15	（美）华盛顿州限额与投资计划	尚未实施	1825	上游、点源
16	（美）马萨诸塞州 ETS	54	41	点源
17	（日）东京都限额与交易计划	—	—	下游
18	（日）埼玉县 ETS	—	—	下游
19	哈萨克斯坦 ETS	—	—	点源
20	中国 ETS	—	—	点源（工业）、下游（电力和热力消耗的间接排放）
21	（中）深圳 ETS 试点	4	—	点源、下游
22	（中）上海 ETS 试点	22	28	点源、下游
23	（中）北京 ETS 试点	18	23	点源、下游

续表

序号	名称	2022 年收入	2023 年收入	监管点
24	（中）广东 ETS 试点	128	—	点源、下游
25	（中）天津 ETS 试点	13	—	点源、下游
26	（中）湖北 ETS 试点	14	7	点源、下游
27	（中）重庆 ETS 试点	13	—	点源、下游
28	（中）福建 ETS 试点	—	—	点源、下游
29	韩国 ETS	262	65	上游
30	澳大利亚保障机制	—	—	—
31	墨西哥试点 ETS	—	—	点源
32	印度尼西亚 ETS	—	—	—
33	德国 ETS	7076	11680	上游
34	黑山 ETS	—	10	点源
35	英国 ETS	8061	5201	点源
36	奥地利 ETS	—	917	上游

注："—"表示无资料。

资料来源：WB. State and Trend of Carbon Pricing Dashboard ［EB/OL］. （2024 – 04 – 01）［2024 – 02 – 04］. https：//carbonpricingdashboard. worldbank. org.

二、世界典型国家和地区碳定价改革经验

（一）做好调查测算并提前发布改革方案

碳定价出台前进行调查测算，有助于一国或地区确定所要运用的碳定价工具。例如，新加坡在决定实行碳定价后进行了调查，发现温室气体排放高度集中在炼油厂和电厂等少数几家企业，其排放的温室气体占全国温

室气体排放量的 60% 以上。ETS 需要有足够多的实体才能获得足够的流动性，新加坡排放量大的企业数量少，可能会造成碳市场价格扭曲。这种情况下，新加坡认为，开征碳税可能更为合适。

碳定价对纳税人的影响较大，因此，许多国家提前较长时间公布碳定价政策改革方案，使纳税人可以合理安排能源使用量，及早作出设备和技术更新决策。WB、OECD 与 IMF 总结了 10 多年来世界各国碳定价的经验后提出碳定价政策的设计原则——"FASTER"，即公平性原则、政策和目标一致性原则、稳定性和可预测性原则、透明原则、效率和成本效益原则、可靠性和环境安全性原则。提前发布改革方案，即符合上述原则中的稳定性和可预测性原则、透明原则。例如，新加坡于 2019 年 1 月 1 日推出碳税时规定 2019—2023 年的税额为 5 新元/吨二氧化碳当量，2022 年 11 月 8 日在国会通过的《碳定价法案（修正案）》中提出计划分 3 个阶段提高碳税，其中，2024—2025 年 25 新加坡元，2026—2027 年 45 新加坡元，到 2030 年达到 50—80 新加坡元。提前发布改革方案，明确了未来年度明确可预期的碳价轨迹，有助于促进低碳消费，激励低碳投资和创新。智利碳税法案生效与开始实施的时间间隔是 3 年，这方便管理机构与纳税人为改变作好准备。

（二）按照循序渐进的原则推进改革

公众一开始可能会对碳定价有抵触情绪，因而碳定价开始之初进行试点是非常有必要的，以改变那些对碳定价有负面看法的人的观点。一国或地区推出碳定价政策之初设置较低的价格、覆盖较少的行业与温室气体，在人们意识到碳定价成本低于预期或社会效益高于预期、对其厌恶感减弱时再采取提高税率等措施，有利于碳定价改革的推进。世界大多数国家遵循该路径进行改革，如加拿大不列颠哥伦比亚省、爱尔兰、拉脱维亚、新加坡、乌克兰等逐步提高碳税税率，但也有国家如澳大利亚在改革之初设置较高的碳税税率，最后以失败告终。

1. 逐步提高碳税税率

已实行碳税的国家或地区中，阿根廷与西班牙等少数国家税率下降，智利税率没有变化，大多数国家税率是逐步提高的。根据提高幅度，可以将这些国家分为两类：一是小幅提高。例如，新加坡 2019 年引入碳税时的税率为 3.69 美元/二氧化碳当量，2023 年为 3.76 美元/二氧化碳当量；南非 2020 年引入碳税时的税率为 7.05 美元/二氧化碳当量，2023 年为 8.92 美元/二氧化碳当量。二是大幅提高。例如，瑞士 2008 年引入碳税时的税率为 11.91 美元/二氧化碳当量，第二年即 2009 年就大幅提高到 21.03 美元/二氧化碳当量，2010 年提高到 34.21 美元/二氧化碳当量，之后偶有波动，但上升的趋势非常明显，2023 年达到 130.81 美元/二氧化碳当量。这些国家按照循序渐进的原则提高税率，消费者和企业有时间调整自己的行为，保障了碳税的顺利推行。

世界范围内，澳大利亚是一个很典型的碳税改革以失败告终的国家，失败的原因与税率有关。澳大利亚在 2012 年 7 月 1 日开征碳税之初就设置 23 美元/二氧化碳当量的高税率，同时在后续年度继续提高税率，自 2013 年 7 月 1 日起提高至 24.15 美元/吨二氧化碳当量、2014 年提高至 25.40 美元/吨二氧化碳当量。高税率虽然有助于增加国家财政收入，但也增加了纳税人的负担。2013 年，澳大利亚碳税收入为 87.90 亿美元，占国内生产总值的比重为 0.6%，人均为 391 美元。澳大利亚碳税收入及其占 GDP 比重高于较早开征碳税的国家，如挪威和瑞典，2013 年，挪威碳税收入为 15.80 亿美元，占国内生产总值的比重为 0.31%，人均为 307 美元；瑞典碳税收入为 36.80 亿美元，占国内生产总值的比重为 0.67%，人均为 381 美元。该税率更是远高于世界平均水平。2013 年，全世界碳税总收入为 217.07 亿美元，占世界生产总值的比重为 0.13%，人均为 49 美元。自碳税开征后，澳大利亚企业能源成本平均上涨 14.5%，家庭电价上涨 14.9%。企业和家庭负担较重，再加上其他因素的共同影响，国内反对碳税的声音不断加大，最终于 2014 年停止征收碳税（Robson. A.，2013）。

2. 逐步提高碳市场成交价格

已经实行 ETS 的国家和地区中，少数国家或地区如英国、东京 ETS 成交价格下降，大多数国家年度间存在波动，但总的趋势是提高的，其中欧盟、加拿大联邦 ETS、新西兰、德国提高幅度还非常大。例如，欧盟 2005 年第一个引入 ETS 并将其作为气候政策基石，当年成交价格为 19.06 美元，2023 年达到 96.29 美元。为稳定成交价格并促进其不断提高，欧盟采取了不少措施。EU ETS 为"限额与交易"模式，限额为受监管实体可排放的最大排放量，对应配额数量。该上限每年减少，以确保欧盟实现其总体减排目标。在 EU ETS 运行的第一阶段（2005—2007 年），欧盟缺乏关于成员国排放水平的足够信息，规定由各成员国自行制定限额并由欧盟委员会（EC）批准。该阶段排放配额的 95% 免费发放、5% 拍卖。第二阶段（2008—2012 年），继续由各成员国自行制定限额，排放配额的 90% 免费发放、10% 拍卖。第三阶段（2013—2020 年），经过前两个阶段的运行，欧盟已经掌握了相关信息，其取代成员国确定排放限额以减少成员国过度分配配额的可能性。排放配额的分配方面，电力行业 100% 拍卖；工业企业 2013 年 80% 免费发放，以后逐年下降，至 2020 年下降至 30%。另外，为稳定价格，欧盟自 2019 年 1 月引入市场稳定储备（MSR）制度，即在流通中的配额数量高于 8.33 亿个时从市场上取消配额，在流通中的配额数量低于 4 亿个时则向市场注入配额。该期间价格在波动中上升，从 2013 年的 6.06 美元上升到 2020 年的 18.53 美元。第四阶段（2021—2030 年），继续逐步减少配额，加上 MSR 持续发挥作用，以及欧盟采取了对电力、工业和航运排放交易体系设置更严格的上限等措施，该阶段成交价格稳步上升，2021—2023 年分别为 49.77 美元、86.52 美元、96.29 美元。

3. 逐步扩大碳定价覆盖的行业范围与温室气体范围

（1）逐步扩大碳定价覆盖的部门范围。从全球范围看，目前超过一半的碳定价覆盖电力部门，超过四分之三的碳定价覆盖工业（含采矿业）。较多国家或地区采取先覆盖电力和工业，再扩容至建筑、交通、垃圾焚烧、农业等领域。覆盖的行业越多，碳市场中进行交易的主体越多，越有利于提高碳市场的影响力与交易活跃度，推动发现合理碳价。

（2）逐步扩大碳定价覆盖的温室气体范围。一些国家的碳市场或碳税仅覆盖（适用于）二氧化碳，后又包括甲烷等更多的温室气体。

①对甲烷适用碳定价非常有必要。有序控制甲烷排放，能够减缓全球升温速度、协同控制污染物、减少生产事故，从而使控制甲烷排放成为应对气候变化的重要补充。随着经济发展，甲烷的排放量从 1990 年的 79.22 亿吨增加到 2022 年的 104.85 亿吨，增长率为 32.35%。尽管甲烷在大气中的绝对浓度和增长率均低于二氧化碳，但由于其强大的吸热力，甲烷在短期内对全球变暖的影响更加显著。

②对甲烷适用碳定价减排效果较为显著。甲烷生命周期比较短，排放到大气中后大概 20 年就会消失，而二氧化碳需要几百年。这说明，一旦甲烷排放量减少，空气里的甲烷量也很快会减少。而即使二氧化碳现在开始减排，空气中的总量还是会继续增加，因为以前排放的二氧化碳还需要很长时间才能消失。因而，减少甲烷排放比减少二氧化碳排放的效果更快、更显著。

随着国家或地区扩大碳定价覆盖的温室气体范围，碳定价覆盖温室气体占全部温室气体排放的比重逐年上升。1990—2004 年，世界范围内只有碳税在运行，碳定价覆盖的温室气体占全部温室气体的比重不足 1 个百分点。2005 年之后，碳税与 ETS 同时运行，碳定价覆盖范围大幅提高，其中，2005—2012 年在 5%—8%，2013—2020 年在 10%—15%，2021—2023 年在 21%—25%（见图 8-1）。

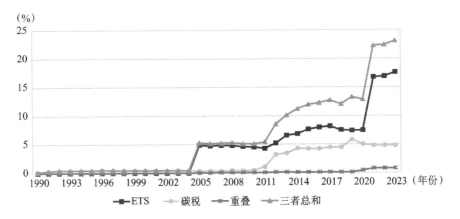

图 8-1 1990—2023 年碳价覆盖温室气体的范围

注：有的国家或地区同时实施碳税与 ETS，且二者覆盖的温室气体范围有重叠。

资料来源：WB. State and Trends of Carbon Pricing Dashboard [EB/OL]. (2024 - 04 - 01) [2024 - 05 - 02]. https://carbonpricingdashboard. worldbank. org/compliance/coverage.

（三）用好用足碳定价政策"工具箱"，合力推动碳减排

1. 注重显性碳定价工具之间的配合

有的国家或地区同时实行碳税与 ETS，两种碳定价工具的组合模式主要有以下三种。

（1）在 ETS 和碳税中选择一种实施。目前，一些国家只实行 ETS，没有引入碳税，如德国、英国、新西兰、韩国、美国等；一些国家只实行碳税，未实行 ETS，如新加坡、南非等。

（2）同时实行 ETS 和碳税，但两者的适用范围基本不重合。例如，欧盟碳市场已将能源、工业、建筑、交通等大的排放源纳入，各成员国仅对没有纳入 ETS 的实体征收碳税。

（3）同时实行 ETS 和碳税，而且二者的适用范围有一定交叉，如瑞典。

实行后两种模式的国家或地区，非常重视不同碳定价工具之间的配合。

（1）碳税与 ETS 的配合。碳税和 ETS 有很大的不同。碳税属于价格政策，税率是事先确定的，减排量由市场决定；ETS 属于数量政策，碳价由市场决定。二者特点不同，可以互为补充。例如，在 EU ETS 的第二阶段（2008—2012 年），碳排放许可证数量过剩，碳价不断下跌，难以起到促进碳减排的作用。英国彼时尚未脱欧，为了实现碳减排目标，于 2013 年 4 月 1 日推出碳底价（carbon price floor，CPF）政策，在气候变化税（climate change levy，CCL）中增设碳价支持税（carbon price support），适用于发电用的化石燃料，应纳税额根据目标碳价与市场碳价的差额乘以燃料排放系数计算得出。该税为 EU ETS 的补充，目的是确保英国电力部门的碳价不低于一定水平。该税推出后稳定了英国电力部门的碳价，有效减少了碳排放。

（2）不同层级 ETS 之间的配合。碳市场可在区域、国家或地区内实施。一国可同时运行两个不同层级的碳市场以达到推动碳减排的目的。

①区域碳市场与国家碳市场相互配合。超国家层级运行的欧盟碳市场覆盖所有欧盟成员国以及冰岛、列支敦士登和挪威。在德国和奥地利等国家，可能有两个碳市场同时运行，其中一些碳排放被欧盟碳市场覆盖，而另一些则被本国碳市场覆盖。例如，2022 年，奥地利推出本国国家层面的碳排放交易制度（NEHG）以实现 2030 年碳中和目标，NEHG 涵盖了当前欧盟 ETS 未涵盖的建筑和交通部门。奥地利规定，2027 年 EU ETS 2 实施、覆盖上述部门后，NEHG 停止实行。

②国家碳市场与地区碳市场同时运行。例如，我国的全国碳市场与 8 个省级碳市场同时运行；加拿大联邦碳市场与 8 个省级碳市场同时运行。

2. 注重显性碳定价工具与隐性碳定价工具之间的配合

一些国家和地区注重显性碳定价工具与隐性碳定价工具的配合，使其共同发挥作用。以欧盟为例，2021 年其公布"Fit for 55"计划，提出了关于能源、税收等一系列改革举措，旨在实现至 2030 年将温室气体排放量较 1990 年水平降低 55%、至 2050 年达到碳中和的目标。2023 年 4 月 25 日，欧盟理事会批准了"Fit for 55"计划中的数项关键立法,包括改革 EU ETS、实施碳边境调节机制(CBAM)、设立社会气候基金(SCF)等。其中,CBAM 实为碳排放关税,社会气候基金支持向低碳经济转型中受到不成比例影响的脆弱家庭、小企业和交通用户等。碳市场与碳排放关税以及社会基金等相互配合,有利于欧盟实现减排目标。

3. 注重碳定价与其他税种的配合

所得税对资本、劳动产生扭曲,降低其税负有利于提高经济效率,促进可持续发展目标的实现。一些国家在开征碳税的同时降低个人所得税或公司所得税等其他税种的税负,以保持整体宏观税负水平不变,这被称为"收入中性"。加拿大不列颠哥伦比亚省、法国、挪威、瑞典和南非等均采用该种方法引入碳定价。例如,加拿大不列颠哥伦比亚省在 2008 年 7 月 1 日实施碳税时降低了企业所得税与个人所得税税率,引入针对低收入个人的所得税抵免;瑞典在 1991 引入碳税的同时,将企业所得税税率从 57% 降至 30%,最高边际个人所得税税率从 80% 降至 50%。

(四)正视并循序化解碳定价改革阻力

1. 吸收利用相关者参与改革

为了引入碳定价,政策制定者不仅要考虑如何实现最佳的技术设计,还要考虑如何确保公众接受。其中,吸收企业、家庭、政府和民间社会团体等利益相关者参与改革对碳定价改革能否成功起着非常重要的作用。实践中,一些国家或地区在制定碳定价政策的过程中吸收利益相关者参与,并认真听取其意见,碳定价顺利推出。

墨西哥环境部在 2016 年宣布实行预备 ETS 之后,私营部门最初的反应是批评和消极的。对此,环境部作了大量的解释工作,指出这是为实现减排目标必须采取的措施。2018 年,环境部组建了包括利益相关者在内的工作组并经常召开会议，通过该种方式保持政府部门与利益相关者的对话，从而使政府部门能够发现利益相关者关注的问题，并将其意见和建议纳入 ETS 法规草案中。在这样的背景下，私营部门对 ETS 的支持不断增加，最终该国顺利推出 ETS 试点。ETS 试点实施后，政府部门继续同利益相关者保持联系，并于 2020 年成立了包括利益相关者在内的咨询委员会，旨在为 ETS 设计、试点评估等提供建议。目前，ETS 现已成为墨西哥气候政策的核心组成部分。

新加坡早在 2010 年就开始考虑碳定价，不久之后就开始吸收利益相关者参与政策设计，一开始吸收的是受碳定价影响最大的大型排放者，随后扩展到较小的排放者和那些将受到间接影响的排放者。这使新加坡在政策实施之前就收到反馈，为其优化政策提供了时间。

欧洲委员会在制定 CBAM 提案时，与欧盟及非欧盟国家的主管部门、商业协会、企业和非营利组织等进行了深入的交流与沟通，广泛听取了利益相关方的意见。欧洲委员会指出，在 CBAM 的过渡阶段，将继续与行业和伙伴国家加强沟通，增强各方对 CBAM 的共同理解，在全球范围内推动碳减排。欧洲委员会将利用收集到的信息，在 2025 年中完成对 CBAM 实施情况的评估，同时将确定自 2026 年 1 月 1 日起正式实施 CBAM 机制的最终内容。

爱尔兰在制定《温室气体减排长期战略》时向利益相关者和公众征求意见，围绕其到 21 世纪中叶的潜在脱碳路径选择等主题设计了 26 个问题，最后相关机构收到 409 份意见书，其中 279 份来自公众人士，60 份来自商业组织及行业团体，16 份来自公共机构，33 份来自非政府组织，21 份来自大学。

2. 充分考虑特定行业与特定群体的利益

碳定价实施后，化石燃料等能源产品价格上涨，贫困家庭尤其是那些严重依赖能源国家的贫困家庭，生活成本大幅度上升，有可能超出其承担能力。另外，碳定价还会影响弱势群体的就业。当前，全球有超过 8 亿个工作岗位（约占全球劳动力的四分之一）极易受到极端气候和净零转型的影响，之后随着跨领域协同、有效碳减排措施的实行，到 2050 年有望新增超过 3 亿个"绿领"工作。在此期间，一些群体的就业必然受到影响。如果政府不采取一定的补偿措施来保护弱势群体，难以获得民众支持。相反，那些充分考虑弱势群体利益的国家或地区，顺利实施了碳定价改革。

加拿大阿尔伯塔省燃煤发电量占加拿大燃煤发电总量的 65%，预计到 2030 年煤炭的逐步淘汰将导致 2000—3000 个工作岗位被淘汰。自 2018 年起，阿尔伯塔省已经开始运营 4000 万美元的过渡基金，为受影响的煤炭工人提供支持。加拿大不列颠哥伦比亚省 2023 年 7 月 1 日提高碳税税率的同时，明确规定增加的碳税收入将全部用于气候行动税收抵免（climate action tax credit），低收入人群因此将获得较之前更高数额的抵免额，以抵消碳税税率上涨的成本。为保证碳税收入真正用于指定性用途，该省规定，省财政部门每年提交一份报告，说明税收收入的使用情况。作为广泛的年度预算审查流程的一部分，该报告须经省立法议会审查和批准。

奥地利国家级 ETS 产生的部分收入通过区域气候奖金直接提供给消费者。该奖金是 2022 年 10 月作为生态社会税改革的一部分推出的，以抵消因引入 ETS 造成的潜在价格上涨。2023 年，在奥地利居住 6 个月以上的人可从该基金获得一次性补助，金额从 110 欧元到 220 欧元不等，取决于其距离学校、药店、公共交通等基础设施的距离。

美国在《通货膨胀削减法案》中提出多项措施来解决对弱势群体的影响，包括创立温室气体减排基金、建立环境和气候正义补助金、设立专门资金用于建设清洁港口，以及恢复超级基金石油税，确保污染者和温室气体排放者对其发生的全部成本负责。

第九章　中国碳定价改革对策

世界典型国家和地区碳定价改革为中国提供了很好的经验。中国应在借鉴国际经验、充分考虑我国实际的基础上，将碳定价作为新一轮财税体制改革的一部分，根据中国共产党第二十届中央委员会第三次全体会议通过的《中共中央关于进一步全面深化改革、推进中国式现代化的决定》的总体部署，以及《中共中央 国务院关于完整准确全面贯彻新发展理念做好碳达峰碳中和工作的意见》改革碳定价，达到推动碳减排、促进经济高质量发展的目的。

一、碳定价改革原则

（一）公平原则

公平原则包括四个方面：从国内来看，需要遵守企业之间的竞争公平、结构转型期间不同素质员工的就业公平、低收入群体的社会公平原则；从国际来看，需要遵守国家间的公平原则。

1. 企业之间的竞争公平

碳定价适用于有碳排放行为的市场主体，通过"污染者付费"的方式使其承担经营中发生的直接成本与因对气候造成破坏而产生的外部（社会）成本，改变了其在市场中的相对竞争地位，为对气候变化造成损害的企业与不对气候变化造成损害的企业创造公平的竞争环境。实行碳税与ETS，企业应缴税款与应交配额与其排放水平挂钩，实现温室气体排放企业之间的公平。

2. 结构转型期间的就业公平

实现绿色低碳转型，必然会改变一国的产业结构。德勤研究表明，当前全球有超过 8 亿个（约占全球劳动力的四分之一）工作岗位极易受到极端气候和净零转型的影响。但随着跨领域协同、有效减碳措施和主动政策落地，到 2050 年有望新增超过 3 亿个"绿领"工作岗位。在此期间，一些工人有了新的就业机会，一些在采掘等行业工作的人可能会因自身素质方面的原因而失业。为确保碳定价公平，需要通过提供培训、转移支付等方式，保护受影响人群。

3. 低收入群体的社会公平

政府间气候变化专门委员会（IPCC）发布的第六次评估报告（AR6）指出，从国际范围来看，收入水平排在前 10% 的家庭（绝大部分来自发达国家）排放了全球 45% 以上的温室气体，收入水平排在后 50% 的家庭带来的排放占比仅为 15%。从国内来看，收入较高家庭排放的温室气体占比高于其他家庭。碳定价实施后，化石燃料等能源产品价格的上涨可能会转化为能源成本的增加，这些增加的能源成本可能会不成比例地落在低收入与高收入家庭上，低收入群体的生活有可能受到影响。OECD 指出，为受到负面影响的利益相关者提供支持，以及与其进行有效的沟通，是碳定价成功的重要因素。支持低收入群体的方式有多种，如将碳税的一部分收入返还给低收入群体等。

4. 国家之间的负担公平

IPCC 发布的第六次评估报告（AR6）指出，工业革命以来，全球人类活动累积排放的二氧化碳持续攀升，1850—2019 年的净排放量已达到 24000 亿吨二氧化碳，其中 58% 是 1990 年前产生的。从国家来看，发达国家排放的累积二氧化碳高于其他国家，因而能力更强、对排放负有更大历史责任的国家（特别是二十国集团中的高收入和高排放国家）需要采取更加雄心勃勃、更迅速的行动。另外，低收入和中等收入国家当前温室气体排放量已占全球排放量的三分之二以上，因此，应与发达国家一起进行气候治理。不同国家的能力不同，在气候治理中遵循共同但有区别原则、各自能力原则。

（二）效率原则

效率原则通常有两层含义：一是经济效率。碳定价必然对资源配置、收入分配、经济运行产生影响，实行碳定价应有利于促进经济效率的提高，或者对经济效率的不利影响最小。二是行政效率，即实行碳定价过程本身的效率，它要求税收在征收和缴纳过程中耗费成本最小、ETS 的管理与遵从成本最低。碳定价的行政效率可用碳定价成本率即碳定价成本占碳定价收入的比率来反映，有效率就是要求以尽可能少的行政成本取得尽可能多的收入，即成本率越低越好。碳定价成本是指在征税和管理 ETS 过程中所发生的各类费用支出，有广义和狭义之分。狭义的成本即管理部门为征税以及拍卖碳配额、检测碳排放等发生的行政管理费用，具体包括工作人员的工资、薪金、奖金，机关办公用房及办公设备、办公用品支出等。广义的成本除了管理机关为征税或管理 ETS 而发生的行政管理费用外，还包括市场主体为纳税或缴纳碳配额而耗费的成本，即"遵从成本"，包括纳税人因填写纳税申报表而花费的时间和费用，纳税人雇用税务顾问发生的费用，企业为了获取二氧化碳减排数据而安装设备所发生的成本，等等。管理费用相对容易计算，遵从成本则相对不易计算。

任何一种碳定价都应避免因管理制度的不合理而给市场主体带来的时间、精力和经营方面等不应有的损失。首先，碳定价法规应简明易懂、具有较高的透明度。其次，碳定价应该稳定与可预测，给市场主体提供一致、可信和强烈的投资信号，有利于提高市场主体提前决策、统筹安排，促进国内有序向低碳经济转变。最后，纳税人或受管控实体数量越少越易于管理。碳税的纳税人主要有两类：一类是开采与加工含碳能源的工业部门；另一类是消费与使用含碳能源的居民家庭及各类企业等。前者纳税人数量少于后者，管理成本低于后者。ETS覆盖实体可以是燃料的进口商或分销商，也可以是设施的经营者，前者数量较少、管理相对容易、管理成本较低。

（三）气候治理与经济发展同时兼顾原则

一方面，发展经济应减少对气候的影响。为了有效减少二氧化碳的排放，需要保证碳定价对企业有较强的引导作用，促使其改变化石能源的消费行为。另一方面，实行碳定价也要考虑企业承受能力和对经济发展的负面影响。碳税税率过高、ETS拍卖比例过大或成交价格过高会影响到企业竞争力，从而影响经济发展。因此，我国碳定价应该在实现气候治理目标的同时，把税收对经济的负面影响降到最低。随着世界已进入脱碳领域竞争激烈的时代，我国的增长战略也必须继续获取构成全球重要投资领域之一的脱碳领域的技术和市场。

（四）碳定价与税收制度协同改革原则

2024年的《政府工作报告》就"要谋划新一轮财税体制改革"作出战略部署，其中的一大重点为进行税制改革。我国自2018年进行的大规模减税降费推动了经济发展，但同时也导致宏观税负降低、财政收入占国内生产总值（即宏观税负）比重持续下降。如果宏观税负继续下降，财政收支矛盾将进一步加剧。新一轮财税体制改革应首先致力于巩固和增强经济回升向好态势，持续推动经济实现质的有效提升（创新、绿色）和量的合理增长。碳税能够激励企业采用更低碳环保的制造工艺和流程，加快产业结构调整，促进降污减碳，同时还能增加财政收入，符合新一轮财税体制的要求。因此，我国要将引入碳税作为新一轮财税体制改革的一部分，统筹规划、同时改革。

二、碳税设计方案

碳税能够促进碳减排，推动产业结构调整，增加财政收入。另外，开征碳税有利于表明我国在实现碳减排承诺上的积极态度，回应国际社会对我国碳减排的关注，应对欧盟推出的 CBAM，维护我国国家利益。

（一）类型

建议我国单独设立碳税税种，向国人和世界表明我国推动碳减排的决心，树立我国负责任的大国形象。

（二）计税依据与纳税人

前已述及，直接排放法能够覆盖更多的温室气体，在一定程度上更加符合碳税的初衷，但目前我国的技术水平、监管水平还难以适应直接排放法的需求，因此建议采用燃料法。燃料法下，化石燃料消费产生的二氧化碳排放量为化石燃料消耗量与二氧化碳排放系数的乘积，其中，化石燃料消耗量是指企业在生产经营中实际消耗的煤炭、原油、汽油、柴油、天然气等化石燃料，以企业的账务记录为依据；二氧化碳排放系数是指单位化石燃料二氧化碳排放量，计算公式是：排放系数＝低位发热量×碳排放因子×碳氧化率×碳转换系数。低位发热量也被称为低位热值，是指燃料完全燃烧时，燃烧产物中的水蒸气以气态存在时的发热量；碳排放因子是指表征单位生产或消费活动量的温室气体排放系数，例如，每单位化石燃料燃烧所产生的二氧化碳排放量、每单位购入使用电量所对应的二氧化碳排放量等；碳氧化率是指燃料中的碳在燃烧过程中被完全氧化的百分比；碳转换系数代表碳到二氧化碳的转化系数。在税法中规定相关系数，纳税人用化石燃料消耗量乘以二氧化碳排放系数，推算出温室气体排放量，用温室气体排放量乘以税率，计算得出应纳税额。与直接排放法相比，燃料法在实际操作中实施起来更为简便，因此建议我国选择燃料法。燃料法下，计税依据为燃料使用量。建议我国将监管环节设在产业链的上游，以化石燃料的生产商、进口商为纳税人。

（三）征税范围

1. 行业范围

建议碳税适用于未被全国 ETS 覆盖的行业。为了提高征税效果，建议我国设立起征点，对起征点以下的企业免税。

2. 温室气体范围

鉴于我国是二氧化碳最大排放国，应将企业在生产、经营等活动过程中因消耗化石燃料而排放的二氧化碳纳入征税范围。另外，前已述及，我国甲烷排放量巨大，且其在大气中存续时间短、治理也容易见到效果，建议我国也将甲烷纳入碳税的征税范围之中。

（四）税率

税率应满足我国现阶段的减排目标，同时避免对经济运行产生过大影响。2022 年 1 月 25 日，习近平总书记在主持中共中央政治局第三十六次集体学习时指出，"既要增强全国一盘棋意识，加强政策措施的衔接协调，确保形成合力；又要充分考虑区域资源分布和产业分工的客观现实，研究确定各地产业结构调整方向和'双碳'行动方案，不搞齐步走、'一刀切'"。习近平总书记的讲话为碳税税率设计提供了很好的指导。我国经济发展存在地区间的不平衡，建议对不同地区实行不同税率。另外，不同化石燃料的特点不同，建议对煤炭、天然气和成品油等不同燃料实行不同的税率。

（五）税收优惠

税收优惠政策有助于减少改革阻力，确保碳税的顺利实施和平稳运行。税收优惠应从以下两个方面进行设计。一是对 EIET 行业给予优惠。碳税课征会增加这类企业的生产成本，削弱国际竞争力，对其给予优惠有利于保持其竞争力。二是充分照顾低收入群体的利益。碳税税负可能通过价格机制转嫁给消费者，降低劳动者收入份额和居民消费水平，因此，我国需采取措施避免对居民个人尤其是低收入群体造成过重负担。

（六）征收管理

建议由税务机关管理碳税。我国开征碳税后需要及时进行事后评估，考察税收是否得到妥善征收、纳税人的遵从成本是否过高，根据发现的问题来优化相关政策。

三、碳市场改革思路

（一）改变类型

我国应将现有的以标准为基础的模式改为总量与交易模式，激励企业提高效能与进行燃料转换。从基于强度的碳市场过渡到基于总量控制的设计，并设置严格排放上限。基于总量控制的碳市场会使发电企业也能按照成本效益原则选择减排技术，从而推动可再生能源替代煤电。

（二）改革配额分配方式

《碳排放权交易管理暂行条例》明确指出，配额分配逐步推行免费分配和有偿分配相结合的方式。未来，全国碳市场应尽早引入有偿分配机制并逐步提升有偿分配比例，使碳价更真实地反映碳减排成本，鼓励用可再生能源替代化石能源发电，控制碳排放总量。拍卖所得用于支持企业碳减排、碳市场调控、碳市场建设和补助低收入家庭等方面。另外，建议将事后分配配额的机制转变为事前分配机制，增强配额分配预期性。

（三）逐步扩大覆盖范围

首先，逐步扩大 ETS 覆盖的部门范围。我国地方试点 ETS 多年，已经积累了一定的碳核算经验。在总结试点经验的基础上，我国应将电解铝、水泥、钢铁、化工、造纸等高耗能行业纳入全国 ETS 中。其次，逐步扩大 ETS 覆盖的温室气体范围。《京都议定书》认定二氧化碳、甲烷和氢氟碳化物等为温室气体，我国在"十四五"规划中提出，"十四五"期间，加大甲烷、氢氟碳化物、全氟化碳等其他温室气体控制力度。未来，建议我国逐步将二氧化碳以外的其他温室气体纳入 ETS。

（四）建立市场稳定机制

我国应考虑引入配额储备机制（如欧盟碳市场的市场稳定储备机制）或价格上下限等灵活性机制，帮助碳市场应对各种因素尤其是外部因素的影响，避免市场价格出现较大波动。

四、碳定价推进策略

（一）在充分调查与测算的基础上制定政策并提前发布

首先，我国应预测未来一定时期内总的温室气体排放水平、部门排放水平，以确定碳定价优先覆盖的部门和碳定价的力度（碳税税率或配额的拍卖底价等），这些决定了哪些行业及企业将承担碳定价带来的成本。

2021 年 11 月，ICF 国际咨询公司和北京中创碳投科技有限公司对中国已经被纳入或即将被纳入全国碳排放权交易体系的碳密集型行业的行业代表，尤其是来自发电行业的代表进行调查。其中的问题之一是"到 2020 年、2025 年、2030 年、2050 年，您预期中国碳排放权交易体系是否会影响贵单位的投资决策"，回答该问题的受访者表示，从目前直至 2050 年，碳价对投资决策产生的影响将会日益增加。其中，2020 年、2025 年、2030 年、2050 年，预计"有重大影响"的受访者占比分别为 9%、26%、53%、55%；预计"有一定影响"的受访者占比分别是 34%、53%、31%、27%；预计"有微小影响"的受访者占比分别为 34%、16%、11%、9%；回答预计"没有影响"的受访者占比分别为 22%、5%、6%、9%。ETS 等碳定价政策的变化对企业影响非常大，这要求我国及早制定、公布碳定价政策改革方案并广为宣传，为市场参与者提供合理预期和规划方面的确定性，引导发电企业管理、投资和技术创新决策。

（二）组合使用多种碳定价政策工具以发挥其协同效应

1. 注重显性碳定价工具之间的配合

ETS 的交易成本较高，更适用于拥有大型排放源的部门，不太适用于拥有小型排放源的部门,而碳税可以适用这些部门。有学者指出,在促进碳减排方面,碳税与 ETS 应是组合关系而非替代关系,组合的效果好于任何一种单一政策,具体是略微胜过仅征收碳税而明显胜过仅实施 ETS(Pizer,W A.,2002;Mandell,S.,2008;Haites,E.,2018)。引入碳税可以实现二者之间的配合,建议碳税适用于 ETS 尚未覆盖的行业,避免企业同时负担碳税与 ETS。

2. 注重显性碳定价与隐性碳定价的配合

(燃料)消费税能够间接推动碳减排,我国应注意发挥(燃料)消费税的作用。我国汽油等税目消费税税额自 2015 年 1 月 13 日起未再进行调整,目前税额仅为 0.54 欧元/吉焦,低于 OECD 成员国(燃料)消费税税额平均值(1.85 欧元/吉焦),也低于欧盟最低标准(10.75 欧元/吉焦)。另外,我国(燃料)消费税只对成品油征收,同样会产生二氧化碳的煤炭等其他固体燃料、天然气、电力等一直未被纳入消费税征收范围。而这期间国内外政治、经济形势发生了很大变化,例如,我国积极参与全球气候治理、庄严承诺了"双碳"目标,减排任务更加迫切,现行消费税税额难以实现推动碳减排的作用。2021 年 10 月,国务院发布《关于印发 2030 年前碳达峰行动方案的通知》,提出"要积极扩大电力、氢能、天然气、先进生物液体燃料等新能源、清洁能源在交通领域应用"。为引导消费者使用新能源、清洁能源,我国应依据燃油的硫含量和可再生生物燃油比例等因素设定差别税率并逐步调高。从短期看(如 5 年),将(燃油)消费税税率提高到欧盟《能源税收指令》规定的最低水平,之后再提高至 OECD 的平均水平。

3. 注重碳定价与其他税种的配合

碳定价一方面可以增加财政收入,另一方面可以减少政府气候治理方面的支出。因此,未来我国应遵循收入中性原则,在改革碳定价政策的同时,降低企业所得税、个人所得税等的税负。这不仅可以降低改革阻力、促进经济社会的平稳过渡，还有可能实现"双重红利"。

（三）有针对性地采取措施以减少碳定价政策落实阻力

1. 吸收利益相关者参与改革

在碳定价改革过程中，我国要吸收利益相关者如碳排放企业、中介组织等的参与，全面了解这些企业的生产经营情况、面临的机遇与挑战，并在充分考虑企业实际情况与诉求的基础上，设计出适合我国当前国情的碳定价政策。

2. 充分考虑弱势企业与群体的利益

第一，关注弱势群体的就业与生活。我国提高碳定价后，化石燃料等能源产品价格的上涨可能会转化为能源成本的增加，低收入群体的生活有可能受到影响。为此，我国应合理设计碳税用途，包括用于绿色投资和用于给贫困家庭发放补助等，促进绿色投资与创新，确保面临风险的地区、行业、工人和消费者分享绿色转型的好处。第二，我国各地区发展存在不平衡，碳定价改革应考虑这种差异，如碳税实行地区差别比例税率，对西部地区的企业适用较低的税率。

五、碳边境调节机制应对策略

2021 年 10 月，《中共中央 国务院关于完整准确全面贯彻新发展理念做好碳达峰碳中和工作的意见》中明确提出，要"统筹做好应对气候变化对外斗争与合作，不断增强国际影响力和话语权，坚决维护我国发展权益"，从而确立了我国在碳达峰碳中和国际实践中坚持"斗争"与"合作"并行的基本政策。党的二十大报告指出："中国将积极参与全球治理体系改革和建设，践行共商共建共享的全球治理观，坚持真正的多边主义，推进国际关系民主化，推动全球治理朝着更加公正合理的方向发展。"上述文件，为我国参与国际合作提供了很好的指导。

2024 年 2 月 26 日，国新办举行《碳排放权交易管理暂行条例》国务院政策例行吹风会，生态环境部副部长赵英民在回答记者提问时谈到："欧盟碳边境调节机制是一项单边措施，目前已经引发世界各国特别是广大发展中国家的高度关注。我们认为，全球气候治理应该坚持公平、共同但有区别的责任和各自能力等国际社会早已达成共识的原则，充分认识发展中国家和发达国家不同的历史责任和不同的发展阶段，充分尊重国家自主贡献'自下而上'的制度安排，充分尊重不同国家的国情和能力基础，通过《巴黎协定》第六条的谈判，达成广泛的全球碳市场合作共识，也要避免采取单边行动，减少对区域外国家不必要的负面外溢效应。"我国应以《中共中央 国务院关于完整准确全面贯彻新发展理念做好碳达峰碳中和工作的意见》和党的二十大报告提出的原则为指导，积极应对 CBAM。

（一）为不发达国家争取利益

在发达国家已率先完成工业化并将高能耗产品的产能转移至其他国家的背景下，欧盟设立 CBAM 来增加发展中国家的出口成本，无差别地对所有国家的进口产品实行同一碳价，使发展中国家承担与发达国家相同的降碳责任，违反了《联合国气候变化框架公约》和《巴黎协定》所规定的"共同而有区别责任原则"和"各自能力原则"（陈红彦，2021；刘勇，2023）。我国应与巴西、印度、南非、俄罗斯等一道，共同为发展中国家争取利益。第一，要求欧盟实施包容的 CBAM，给予不发达国家一定的减免。CBAM 是根据欧盟绿色新政推出的，而新政旨在保护、保存和增强欧盟的自然资本，并保护公民的健康和福祉免受环境相关风险和影响。与此同时，这种转变必须是公正和包容的，不让任何人掉队。CBAM 缩短了不发达国家碳减排的时间，有可能拖累一些国家的经济发展（Zachmann 等，2020），拉大发达国家与发展中国家的收入差距，降低部分发展中国家的应对气候变化的能力，有可能使一些国家"掉队"。因此，欧盟有必要在实施 CBAM 初期的几年里对特定不发达国家给予一定的减免优惠，以确保不会有国家因实行 CBAM 而掉队。第二，要求欧盟将 CBAM 收入用于设立气候缓解基金等用途，提升不发达国家碳减排能力。欧盟在本区域碳定价的改革过程中，将 EU ETS 的一部分用于设立创新基金，资助低碳技术创新；设立现代化基金，支持欧盟 10 个低收入成员国向气候中和过渡。与之类似，欧盟应将 CBAM 收入的一部分或全部用于设立国际缓解和（或）适应气候变化基金，或用于缓解和（或）适应气候项目，包括新技术研发、帮助低收入国家向低碳经济过渡等，以达到欧盟在公报中提到的 CBAM 预计会"有效地帮助第三国减少温室气体排放"的目的。

（二）加强与欧盟在气候治理方面的合作

十几年前，我国就已经与欧洲开始进行气候治理方面的合作。2005年，中欧发表《气候变化联合宣言》，意味着中欧正式建立气候变化伙伴关系。2014 年，中欧达成了一项为期三年的碳交易合作项目，欧盟与我国7 个 ETS 试点城市分享碳交易经验，为我国建立国家级的 ETS 提供支持。2016 年，双方达成了第二个碳交易合作项目，并建立了中欧碳排放交易的定期对话机制。在 2018 年中欧峰会上，双方签署了加强碳排放交易合作的谅解备忘录。上述合作为中欧之间的合作打下了很好的基础，未来我国应继续加强与欧盟的沟通交流，协调中国与欧盟 ETS 间的差异，加快 ETS 的国际化进程。

（三）做好培训、评估与分析

上述由 ICF 国际咨询公司和北京中创碳投科技有限公司进行的调查中，

受访者被问及其所在企业是否向欧盟出口，如果对欧盟出口其是否充分了解欧盟正计划推出的 CBAM 及其对行业的影响。受访者表示，其所在企业向欧盟出口商品，但只有 30% 表示其对 CBAM 有中等程度或充分的了解。调查对象是部分企业，但也能在一定程度上反映出企业对 CBAM 不太熟悉。我国应利用好当前至 2026 年正式实行 CBAM 之前的这段时间，对相关出口企业就 CBAM 的相关规定进行培训，增强其对 CBAM 的了解。同时，我国应密切追踪欧盟政策变化趋势，对 CBAM 政策变化带来的影响做好分析和评估，帮助企业合理应对 CBAM 带来的挑战。

六、全球气候治理参与策略

（一）提高中国在全球气候治理中的影响力与话语权

我国是世界最大的二氧化碳排放国，2022 年排放量为 114 亿吨，在全球二氧化碳排放总量中的占比为 30.86%。碳排放导致全球气候变暖，2022 年全球平均温度较工业化前水平高出 1.13℃，为 1850 年有气象观测记录以来第六高值。值得注意的是，我国升温速率高于同期全球水平。如果我国不积极参与全球气候治理，气候风险将日益成为制约我国经济长期增长与繁荣的因素，并对全球气候、经济产生较大负面影响。为实现人类命运共同体、体现大国担当，我国应通过外交手段、对外援助等方式积极参与全球气候治理，不断提升在全球气候治理中的影响力与话语权。

2022 年 1 月 25 日，习近平总书记在中央政治局第三十六次集体学习时强调，"积极参与和引领全球气候治理。要秉持人类命运共同体理念，以更加积极姿态参与全球气候谈判议程和国际规则制定，推动构建公平合理、合作共赢的全球气候治理体系"。党的二十大报告指出，"中国将积极参与全球治理体系改革和建设，践行共商共建共享的全球治理观，坚持真正的多边主义，推进国际关系民主化，推动全球治理朝着更加公正合理的方向发展"。

未来，我国应通过外交、援助等方式积极参与全球气候治理，不断提升在全球气候治理中的影响力与话语权。第一，充分利用外交手段。气候外交是我国外交的重要组成部分，也是我国在气候领域推动构建人类命运共同体的具体实践。未来，我国应继续根据共商共建共享的全球治理观参与全球气候治理，维护《联合国气候变化框架公约》《巴黎协定》的主渠道地位与基本制度体系，深入参与该主渠道下的全球气候治理进程，联合发展中国家推动全球气候治理朝着更加公正合理的方向发展。第二，对不发达国家给予援助。我国除了继续在资金、人员能力提升等方面对不发达国家给予援助，还应通过技术转让等方式加强与不发达国家在绿色低碳领域的合作，帮助其减少温室气体排放。

（二）充分利用 WTO 发声

WTO 一直在努力倡导将贸易作为气候应对措施的一部分，并就气候变化与贸易之间的复杂关系进行研究和分析。在 2023 年 3 月 14 日至 15 日举行的贸易与环境委员会会议上，成员们讨论了如何在越来越多地使用贸易措施来实现环境目标的情况下加强 WTO 的工作。《公约》第二十八次缔约方大会（COP8）上，贸易首次成为这一平台的具体主题，讨论贸易和贸易政策如何帮助应对气候挑战。显而易见的是，相关各方希望在应对气候变化方面有所作为。我国积极利用 WTO 平台发声，表达我国关于全球气候治理、贸易发展等方面的观点。

（三）推动碳市场协调

从实践来看，目前仅加拿大实现了碳税在一国范围之内的协调，尚未有国家间的协调。相反，已有国家和地区之间实现了碳市场之间的协调与连接。可见，碳税协调难度大于碳市场。未来，我国应探讨可以与哪些国家或地区的碳市场进行连接和协调，提高在全球碳交易体系中的参与度与竞争力。在标准体系方面，我国应推进 MRV 制度、配额分配方法、履约执行和惩罚等与国际碳市场接轨，促进数据互认互通。

参考文献

［1］白彦锋，李泳禧，王丽娟．促进碳捕集、利用与封存技术发展与应用的税收优惠政策研究［J］.国际税收，2023（4）：15－22.

［2］鲍勤，汤铃，汪寿阳，等．美国碳关税对我国经济的影响程度到底如何？——基于 DCGE 模型的分析［J］.系统工程理论与实践，2013，33（2）：345－353.

［3］鲍勤，汤铃，杨列勋．美国征收碳关税对中国的影响：基于可计算一般均衡模型的分析［J］.管理评论，2010，22（6）：25－33＋24.

［4］北京理工大学能源与环境政策研究中心．中国碳市场建设成效与展望［EB/OL］.（2024－01－07）［2024－08－12］.https：//ceep.bit.edu.cn/docs/2024－01/f0e73803b04a4a9d90513a563b0807b1.pdf.

［5］曹慧．欧盟碳边境调节机制：合法性争议及影响［J］.欧洲研究，2021，39（6）：75－94＋7.

［6］陈红蕾，纪远营．美国征收碳关税对中美贸易的经济效应影响研究——基于 GTAP 模型的实证分析［J］.经济与管理评论，2015，31（3）：53－59.

［7］陈松洲．碳关税对我国外贸出口的双重影响与应对策略［J］.河北经贸大学学报，2013（4）：91－95.

［8］陈向阳．碳排放权交易和碳税的作用机制、比较与制度选择［J］.福建论坛（人文社会科学版），2022（1）：75－86.

［9］陈骁，张明．碳排放权交易市场：国际经验、中国特色与政策建议［J］.上海金融，2022（9）：22－33.

[10] 陈旭东, 鹿洪源, 王涵. 国外碳税最新进展及对我国的启示 [J]. 国际税收, 2022 (2): 59 - 65.

[11] 邓嵩松, 鹿洪源, 郭权. 欧盟碳关税对我国的影响和对策 [J]. 税务研究, 2023 (12): 80 - 86.

[12] 邓微达, 王智烜. 日本碳税发展趋势与启示 [J]. 国际税收, 2021 (5): 57 - 61.

[13] 冯俏彬, 白雪苑, 李贺. 支持碳达峰、碳中和的财税理论创新与政策体系构建 [J]. 改革, 2022 (7): 106 - 116.

[14] 傅京燕, 章扬帆. 国际碳排放权交易体系链接机制及其对中国的启示 [J]. 环境保护与循环经济, 2016, 36 (4): 4 - 11.

[15] 高桂林, 窦一博. 碳汇、碳排放权交易局限性与碳税制度效用 [J]. 企业经济, 2022, 41 (6): 25 - 33.

[16] 高瑞, 陈浩. 美国碳市场自愿减排机制 CAR 的经验与启示 [J]. 海南金融, 2024 (5): 32 - 45.

[17] 高阳, 张耀斌. 废除碳税: 澳大利亚逆势而动还是务实之举? [J]. 国际税收, 2014 (9): 71 - 75.

[18] 龚辉文. 碳达峰碳中和背景下应对气候变化的税收政策框架与建议 [J]. 国际税收, 2021 (12): 7 - 13.

[19] 国家应对气候变化战略研究和国际合作中心. 英国及苏格兰气候变化法立法及执行情况调研报告 [EB/OL]. (2018 - 01 - 17) [2024 - 08 - 04]. https://www.ncsc.org.cn/yjcg/dybg/201801/P020180920509251043620.pdf.

[20] 韩立群. 欧盟碳关税政策及其影响 [J]. 现代国际关系, 2021 (5) 51 - 59 + 61.

[21] 韩融. 论 "双碳" 战略推进共同富裕的作用机理与实现路径 [J]. 中央民族大学学报 (哲学社会科学版), 2023, 50 (3): 126 - 137.

[22] 韩永红, 李明. 欧盟碳排放交易立法的域外适用及中国应对 [J]. 武大国际法评论, 2021, 5 (6): 77 - 95.

［23］郝颖，刘刚，张超．国外碳交易机制研究进展［J］．国外社会科学，2022（5）：106-118+197.

［24］何晓贝，Uy. M. 重视"非碳价"政策工具的作用［J］．气候政策与绿色金融，2023（5）：30-33.

［25］何杨，张聪．应对气候变化的税收挑战与政策建议：基于全球公共品融资的视角［J］．税务研究，2023（10）：89-93.

［26］胡安彬．碳关税对我国未来出口商品竞争力的影响［J］．金融与经济，2010（8）：14-17.

［27］胡珺，方祺，龙文滨．碳排放规制、企业减排激励与全要素生产率——基于中国碳排放权交易机制的自然实验［J］．经济研究，2023，58（4）：77-94.

［28］胡明禹，刘文蛟，高惠雯，等．国际碳减排政策借鉴及我国碳减排政策趋势研判［J］．石油石化绿色低碳，2023，8（1）：1-8.

［29］胡晓雨，曹伟炜，秦臻，等．国内碳排放权交易市场现状研究［J］．中国勘察设计，2023（S1）：64-68.

［30］胡苑，杨岳涛．我国开征碳税的正当性、必要性及制度选择［J］．税务研究，2023（1）：33-37.

［31］黄庆波，王孟孟，薛金燕，等．碳关税对中国制造业出口结构和社会福利影响的实证研究［J］．中国人口·资源与环境，2014，24（3）：5-12.

［32］黄晓凤．"碳关税"壁垒对我国高碳产业的影响及应对策略［J］．经济纵横，2010（3）：49-51.

［33］贾晓薇，王志强．以开征碳税为契机构建我国碳减排复合机制［J］．税务研究，2021（8）：18-21.

［34］姜婷婷，徐海燕．欧盟碳边境调节机制的性质、影响及我国的应对举措［J］．国际贸易，2021（9）：38-44.

［35］蒋丹，张林荣，孙华平，等．中国征收碳税应对碳关税的经济分析——以美国为例［J］．生态学报，2020，40（2）：440-446.

［36］蒋金荷. 全球碳治理体系新特征及完善中国碳治理的策略展望［J］. 价格理论与实践，2024（1）：29－36＋101.

［37］蒋金荷. 碳定价机制最新进展及对中国碳市场发展建议［J］. 价格理论与实践，2022（2）：26－30＋90.

［38］解振华. 坚持积极应对气候变化战略定力继续做全球生态文明建设的重要参与者、贡献者和引领者——纪念《巴黎协定》达成五周年［J］. 环境与可持续发展，2021，46（1）：3－10.

［39］兰天，张建国，海鹏. ACESA 背景下中国工业品贸易被动碳关税与主动碳税选择研究——基于 GTAP 模型的实证分析［J］. 软科学，2018，32（8）：82－85.

［40］兰莹，秦天宝.《欧洲气候法》：以"气候中和"引领全球行动［J］. 环境保护，2020，48（9）：61－67.

［41］李峰，王文举，闫甜. 中国试点碳市场抵消机制［J］. 经济与管理研究，2018，39（12）：94－103.

［42］李峰，王文举. 居民生活消费碳税开征的公平性——以征收汽车碳税为例［J］. 经济与管理研究，2016，37（12）：66－72.

［43］李峰，王文举. 中国试点碳市场配额分配方法比较研究［J］. 经济与管理研究，2015，36（4）：9－15.

［44］李画画，刘娇. 碳关税对我国出口贸易的影响及对策［J］. 中国经贸导刊（中），2018（20）：12－14＋18.

［45］李慧明. 欧美气候新政：对全球气候治理的影响及其限度［J］. 福建师范大学学报（哲学社会科学版），2021（5）：29－38＋167.

［46］李继峰，张亚雄. 基于 CGE 模型定量分析国际贸易绿色壁垒对我国经济的影响——以发达国家对我国出口品征收碳关税为例［J］. 国际贸易问题，2012（5）：105－118.

［47］李科. 欧盟重征碳关税的利益动因与中国因应［J］. 西华大学学报（哲学社会科学版），2022，41（5）：85－93.

［48］李清如. 碳中和目标下日本碳定价机制发展动向分析［J］. 现

代日本经济，2022（3）：81－94．

［49］李清如，王冰雪．日本碳定价机制的发展趋势及对中国的启示——基于日本"增长导向型"碳定价构想的分析［J］．中国物价，2023（9）：20－23．

［50］李晓玲，陈雨松．"碳关税"与WTO规则相符性研究［J］．国际经济合作，2010（3）：77－81．

［51］李烨．欧盟碳边境调节机制的影响与中国因应——以"一带一路"高质量发展为视角［J］．国际经济法学刊，2024（2）：114－128．

［52］李挚萍．南非《国家环境管理法》的多法系融合体系化之路［J］．环境保护，2024，52（6）：22－24．

［53］李祝平，班慧芳，欧阳强．"碳关税"开征对湖南出口贸易的影响及对策研究［J］．湖南科技大学学报（社会科学版），2015，18（4）：81－88．

［54］梁尔昂．碳税制度的双重实质与中国的引入［J］．理论学刊，2014（3）：67－72．

［55］林伯强，李爱军．碳关税的合理性何在？［J］．经济研究，2012，47（11）：118－127．

［56］刘磊，张永强，周千惠．政策协同视角下对我国征收碳税的政策建议［J］．税务研究，2022（3）：121－126．

［57］刘诺．欧盟碳边境调节机制对我国碳市场建设的启示［J］．金融发展评论，2022（12）：16－25．

［58］刘小川，汪曾涛．二氧化碳减排政策比较以及我国的优化选择［J］．上海财经大学学报，2009，11（4）：73－80＋88．

［59］刘学样．碳关税对我国外贸影响的实证分析［J］．金融经济，2017（4）：170－171．

［60］刘燕华，李宇航，王文涛．中国实现"双碳"目标的挑战、机遇与行动［J］．中国人口·资源与环境，2021，31（9）：1－5．

［61］刘勇．气候治理与贸易规制的冲突和协调——由碳边境调节机

制引发的思考[J].法商研究，2023，40（2）：46-59.

［62］鲁书伶，白彦锋.碳税国际实践及其对我国2030年前实现"碳达峰"目标的启示［J］.国际税收，2021（12）：21-28.

［63］鲁政委，粟晓春，钱立华，等."碳中和"愿景下我国CCER市场发展研究[J].西南金融，2022（12）：3-16.

［64］鲁政委，叶向峰，钱立华，等."碳中和"愿景下我国碳市场与碳金融发展研究[J].西南金融，2021（12）：3-14.

［65］栾昊，杨军，黄季焜.工资刚性下美国征收碳关税对中国的减排与经济影响[J].资源科学，2014，36（1）：120-128.

［66］栾昊，杨军.美国征收碳关税对中国碳减排和经济的影响[J].中国人口·资源与环境，2014，24（1）：70-77.

［67］吕江，朱玉婷.《巴黎协定》可持续发展机制与中国行动方案——兼析欧盟碳减排实践探索及其经验启示[J].价格理论与实践，2021（4）：71-74.

［68］马海涛，刘金科.碳排放权交易市场税收政策：国际经验与完善建议［J］.税务研究，2021（8）：5-11.

［69］马晓微，孔祥民，李彬.欧盟征收碳关税对我国出口贸易影响研究[J].北京理工大学学报（社会科学版），2014，16（6）：14-19.

［70］聂国良，张成福.中国碳交易政策的行动主体及其关系结构[J].北京师范大学学报（社会科学版），2023（6）：105-114.

［71］聂力，王文举.我国碳排放权成交价格博弈研究[J].价格理论与实践，2014（5）：38-40.

［72］牛玉静，陈文颖，吴宗鑫.全球多区域CGE模型的构建及碳泄漏问题模拟分析[J].数量经济技术经济研究，2012，29（11）：34-50.

［73］潘辉.碳关税对中国出口贸易的影响及应对策略[J].中国人口·资源与环境，2012，22（2）：41-46.

［74］齐绍洲，程师瀚.中国碳市场建设的经验、成效、挑战与政策思考［J/OL］.国际经济评论，2024（1）：1-21.

［75］秦天宝，吴羽涵．碳中和目标下法国应对气候变化法制及其启示［J］．世界社会科学，2023（5）：118－132＋244－245．

［76］丘兆逸．碳规制对中国产品内贸易的影响研究［J］．中南财经政法大学学报，2014（5）：118－124．

［77］邱嘉锋，梁宵．"碳关税"对我国外贸出口的影响及对策建议［J］．经济学动态，2012（8）：42－45．

［78］曲如晓，马建平．中国工业制品出口贸易与环境目标的相容性评估——基于环境效应分解模型［J］．经济理论与经济管理，2009（4）：5－10．

［79］任东明．欧盟碳边境调节机制对我国新能源发展的影响及应对建议［J］．中国能源，2022，44（4）：21－28＋35．

［80］任亚运，傅京燕．碳交易的减排及绿色发展效应研究［J］．中国人口·资源与环境，2019，29（5）：11－20．

［81］沈可挺，李钢．碳关税对中国工业品出口的影响——基于可计算一般均衡模型的评估［J］．财贸经济，2010（1）：75－82．

［82］生态环境部．全国碳市场发展报告（2024）［EB/OL］．（2024－07－22）［2024－08－04］．https://www.mee.gov.cn/ywdt/xwfb/202407/W020240722528848347594.pdf．

［83］石红莲，赵越．美国拟征收碳关税对我国出口贸易的影响分析［J］．生态经济，2018，34（2）：61－65．

［84］史丹，张成，周波，等．碳排放权交易的实践效果及其影响因素：一个文献综述［J］．城市与黄金研究，2017（4）：93－110．

［85］苏明，傅志华．中国开征碳税：理论与政策［M］．北京：中国环境科学出版社，2011．

［86］孙吉胜．全球发展治理与中国全球发展治理话语权提升［J］．世界经济与政治，2022（12）：4－31＋156－157．

［87］唐将伟，黄燕芬，张祎．国内碳排放权交易市场价格机制存在的问题、成因与对策［J］．价格月刊，2024（2）：1－10．

［88］屠年松，余维珩．碳关税对制造业全球价值链嵌入的影响研究——基于 WTO 改革背景［J］.生态经济，2020，36（9）：25－31.

［89］屠新泉，曾瑞．美国清洁能源补贴政策新动向、影响及应对策略——基于美国《通胀削减法案》的分析［J］.浙江学刊，2024（1）：137－143.

［90］屠新泉，金兴雪，秦若冰．欧盟碳边境调节机制及贸易影响分析［J］.东南学术，2023（5）：67－76.

［91］汪惠青，王有鑫．欧盟碳边境调节机制的外溢影响与我国的应对措施［J］.金融理论与实践，2022（8）：111－118.

［92］王璟珉，李晓婷，居岩岩．碳交易市场构建、发展与对接研究：低碳经济学术前沿进展［J］.山东大学学报（哲学社会科学版），2017（1）：148－160.

［93］王军．国际贸易视角下的低碳经济［J］.世界经济研究，2010（11）：50－55＋88.

［94］王科，吕晨．中国碳市场建设成效与展望（2023）［R］.北京理工大学能源与环境政策研究中心，2023.

［95］王科，吕晨．中国碳市场建设成效与展望（2024）［J］.北京理工大学学报（社会科学版），2024，26（2）：16－27.

［96］王明喜，王明荣，汪寿阳．碳关税对发展中国家的经济影响及对策分析［J］.系统科学与数学，2011，31（2）：187－196.

［97］王谋，吉治璇，康文梅，等．欧盟“碳边境调节机制”要点、影响及应对［J］.中国人口·资源与环境，2021，31（12）：45－52.

［98］王文举，李峰．碳排放权初始分配制度的欧盟镜鉴与引申［J］.改革，2016（7）：65－76.

［99］王文举，陈真玲．中国省级区域初始碳配额分配方案研究——基于责任与目标、公平与效率的视角［J］.管理世界，2019，35（3）：81－98.

［100］王文举，李峰．碳排放权初始分配制度的欧盟镜鉴与引申［J］.改革，2016（7）：65－76.

［101］王文举，李峰．我国统一碳市场中的省际间配额分配问题研究

［J］.求是学刊，2015，42（2）：44－51＋181.

［102］王文举，向其风.国际贸易中的隐含碳排放核算及责任分配［J］.中国工业经济，2011（10）：56－64.

［103］王文举，姚益家.碳税规制下地方政府与企业减排行为分析［J］.财经问题研究，2019（11）：39－46.

［104］王文举，赵艳.全球碳市场研究及对中国碳市场建设的启示［J］.东北亚论坛，2019，28（2）：97－112＋128.

［105］王文举.中国碳排放总量确定，指标分配，实现路径机制设计综合研究［M］.北京：首都经济贸易大学出版社，2018.

［106］王有鑫.征收碳关税对中国出口贸易和国民福利的影响——基于中美贸易和关税数据的实证研究［J］.国际贸易问题，2013（7）：119－127.

［107］韦铁，马赐铃，谢品，等.引入自愿减排交易机制下供应链减排策略研究［J/OL］.中国管理科学，1－15［2024－09－12］.https：//doi.org/10.16381/j.cnki.issn1003－207x2023.1047.

［108］温丹辉.不同碳排放计算方法下碳关税对中国经济影响之比较——以欧盟碳关税为例［J］.系统工程，2013，31（9）：84－92.

［109］文亚，张弢.中国与欧盟碳市场建设理念与实践比较研究：历史沿革、差异分析与决策建议［J］.中国软科学，2023（5）：12－22.

［110］吴光豪.碳市场稳定机制的国际经验及对国内碳市场的启示［J］.海南金融，2023（12）：49－59.

［111］吴慧娟，张智光.中国碳市场价格特征及其成因分析：高低性、均衡性与稳定性［J］.世界林业研究，2021，34（3）：123－128.

［112］吴健，马中.科斯定理对排污权交易政策的理论贡献［J］.厦门大学学报（哲学社会科学版），2004（3）：21－25.

［113］吴洁，范英，夏炎，等.碳配额初始分配方式对我国省区宏观经济及行业竞争力的影响［J］.管理评论，2015，27（12）：18－26.

［114］夏凡，王欢，王之扬."双碳"背景下我国碳排放权交易体系与碳税协调发展机制研究［J］.西南金融，2023（1）：3－15.

[115] 夏晓华，高文，杨鹏艳．美国碳关税对我国纺织品出口的影响及对策[J].社会科学家，2013（3）：59－63.

[116] 邢丽，樊轶侠，李默洁．欧美碳边境调节机制的最新动态、未来挑战及中国应对[J].国际税收，2023（9）：24－30.

[117] 邢丽．构建中国财政话语体系的关键问题及建议[J].财政科学，2024（2）：5－10.

[118] 熊灵，齐绍洲．欧盟碳排放交易体系的结构缺陷、制度变革及其影响[J].欧洲研究，2012，30（1）：51－64＋2.

[119] 徐正则，欧盟推碳关税，世贸组织成员怎么看[N].国际商报，2023－12－5.

[120] 许文．以排放为依据的碳税制度国际经验与借鉴[J].国际税收，2021（12）：14－20.

[121] 许英明，李晓依．欧盟碳边境调节机制对中欧贸易的影响及中国对策[J].国际经济合作，2021（5）：25－32.

[122] 宣晓伟，张浩．碳排放权配额分配的国际经验及启示[J].中国人口·资源与环境，2013，23（12）：10－15.

[123] 宣晓伟．"能耗双控"到"碳双控"：挑战与对策[J].城市与环境研究，2022（3）：42－55.

[124] 薛皓天．碳市场收入的使用与管理：欧美实践及其对中国的借鉴[J].中国地质大学学报（社会科学版），2022，22（4）：77－89.

[125] 杨立强，马曼．碳关税对我国出口贸易影响的 GTAP 模拟分析[J].上海财经大学学报，2011，13（5）：75－81.

[126] 杨姗姗，郭豪，杨秀，等．双碳目标下建立碳排放总量控制制度的思考与展望[J].气候变化研究进展，2023，19（2）：191－202.

[127] 叶莉，翟静霞．碳关税对出口贸易影响研究综述[J].生态经济，2011（11）：122－126＋129.

[128] 尹希果，孙惠．碳关税征收对双边贸易的预期影响——基于中美两个碳经济大国的微观分析方法[J].国际经贸探索，2010，26（10）：4－9.

［129］袁嫣. 基于 CGE 模型定量探析碳关税对我国经济的影响［J］. 国际贸易问题，2013（2）：92－99.

［130］詹正华，孙宁，诸士义，等. 征收碳关税对我国进出口贸易的影响：以我国纺织品贸易为例［J］. 当代经济，2011（16）：8－10.

［131］张宝."双碳"目标下开征碳税需要处理的三大关系［J］. 税务研究，2023（1）：26－32.

［132］张莉，马蔡琛. 碳达峰、碳中和目标下的绿色税制优化研究［J］. 税务研究，2021（8）：12－17.

［133］张文秀，邓茂芝，周剑. 拍卖机制在碳市场配额分配中的应用回顾和比较分析［J］. 气候变化研究进展，2019，15（3）：246－256.

［134］张希良，张达，余润心. 中国特色全国碳市场设计理论与实践［J］. 管理世界，2021，37（8）：80－95.

［135］张昕宇."碳关税"的性质界定研究［J］. 求索，2010（9）：28－30.

［136］张莹. 公正转型为实现中国式现代化赋能加力［EB/OL］.（2023－09－05）. https：//mgflab. nsd. pku. edu. cn/gddt/MGFgd/f906cfc673e4464d8a14a5bee9621746. htm.

［137］张友国，郑世林，周黎安，等. 征税标准与碳关税对中国经济和碳排放的潜在影响［J］. 世界经济，2015，38（2）：167－192.

［138］赵斌. 全球气候政治中的巴西与南非——历史进程、变化动因与身份选择［J］. 国外理论动态，2019（4）：74－86.

［139］赵斌. 新兴大国气候政治群体化的形成机制——集体身份理论视角［J］. 当代亚太，2013（5）：111－138＋159－160.

［140］赵春明，陈开军. 碳关税对我国出口贸易的影响效应及对策分析［J］. 国际经济合作，2012（8）：10－15.

［141］赵书博，陈静琳，陈乐."双碳"目标下中国汽车绿色税收的优化研究［J］. 宏观经济研究，2023（9）：105－114.

［142］赵书博，王志馨，李昂. 欧盟碳边境调节机制：实质、影响与我国应对［J］. 税务研究，2023（8）：89－94.

［143］郑春芳，陈仙丽．"碳关税"对我国外贸出口的四大影响［J］．对外经贸实务，2011（1）：30－32．

［144］周立志，张鹏飞，麻常辉，等．南非碳中和实现路径及减排措施研究［J］．全球能源互联网，2022，5（1）：85－96．

［145］周玲玲，顾阿伦，滕飞，等．实施边界碳调节对中国对外贸易的影响［J］．中国人口·资源与环境，2010，20（8）：58－63．

［146］周伟铎，庄贵阳．美国重返《巴黎协定》后的全球气候治理：争夺领导力还是走向全球共识？［J］．太平洋学报，2021，29（9）：17－29．

［147］周县华，范庆泉．碳强度减排目标的实现机制与行业减排路径的优化设计［J］．世界经济，2016，39（7）：168－192．

［148］周潇．碳税对我国能源密集型产业国际竞争力的影响研究［D］．中国海洋大学，2014．

［149］朱开伟，谭显春，顾佰和，等．"一带一路"共建国家低碳转型路径研究与气候合作建议［J］．中国科学院院刊，2023，38（9）：1398－1406．

［150］朱永彬，王铮．碳关税对我国经济影响评价［J］．中国软科学，2010（12）：36－42＋49．

［151］诸思齐，蔡晶晶．提前公告的减排政策是否会导致绿色悖论？——来自欧盟碳排放权交易体系的证据［J］．环境经济研究，2020，5（4）：11－29．

［152］庄贵阳，王思博．"双碳"目标下的中国式现代化：特征、要求与路径［J］．生态经济，2023，39（1）：31－35．

［153］庄贵阳，周枕戈，王思博，等．绿色竞合态势下中国碳中和政策的国际协同［J］．拉丁美洲研究，2023，45（5）：62－77＋160．

［154］Acemoglu D，Aghion P，Bursztyn L，et al. The environment and directed technical change ［J］．American Economic Review，2012，102（1）：131－166．

［155］Aghion P，Dechezleprêtre A，Hemous D，et al. Carbon taxes，path dependency, and directed technical change: Evidence from the auto industry [J]. Journal of Political Economy, 2016, 124 (1): 1 – 51.

[156] Aldy J E, Armitage S. The welfare implications of carbon price certainty [J]. Journal of the Association of Environmental and Resource Economists, 2022, 9 (5): 921 – 946.

[157] Aldy J E, Pizer W A. Alternative metrics for comparing domestic climate change mitigation efforts and the emerging international climate policy architecture [J]. Review of Environmental Economics and Policy, 2016, 10 (1): 3 – 24.

[158] Aldy J E, Pizer W A. The competitiveness impacts of climate change mitigation policies [J]. Journal of the Association of Environmental and Resource Economists, 2015, 2: 565 – 595.

[159] Aldy J E, Stavins R N. The promise and problems of pricing carbon: Theory and experience [J]. The Journal of Environment and Development, 2012, 21 (2): 152 – 180.

[160] Aldy J E. Frameworks for evaluating policy approaches to address the competitiveness concerns of mitigating greenhouse gas emissions [J]. National Tax Journal, 2017, 70: 395 – 420.

[161] Alexeeva – Talebi V, Löschel A, Mennel T. Climate policy and the problem of competitiveness: Border tax adjustments or integrated emission trading? [R]. ZEW – Centre for European Economic Research Discussion Paper, 2008: 8 – 61.

[162] Andersson J. Carbon taxes and CO_2 emissions: Sweden as a case study [J]. American Economic Journal: Economic Policy, 2019, 11: 1 – 30.

[163] Babiker M H. Climate change policy, market structure, and carbon leakage [J]. Journal of International Economics, 2005, 65: 421 – 445.

[164] Balistreri E J, Kaffine D T, Yonezawa H. Optimal environmental border adjustments under the General Agreement on Tariffs and Trade [J]. En-

vironmental and Resource Economics, 2019, 74: 1037 – 1075.

[165] Balmes J R. California's Cap – and – Trade Program [M] // Pinkerton K E, Rom W N. Global Climate Change and Public Health. New York, NY: Springer New York, 2014: 383 – 391.

[166] Baranzini A, Van den Bergh J C J M, Carattini S, et al. Carbon pricing in climate policy: Seven reasons, complementary instruments, and political economy considerations [J]. WIREs Climate Change, 2017, 8 (4): 1 – 17.

[167] Baudry G, Le Cadre E, Salles J M, et al. The challenge of measuring biofuel sustainability: A stakeholder – driven approach applied to the French case [J]. Renewable and Sustainable Energy Reviews, 2017, 69: 933 – 947.

[168] Baumol W J, Oates W E. The use of standards and prices for protection of the environment [J]. The Swedish Journal of Economics, 1971, 73 (1): 42 – 54.

[169] Baumol W J, Oates W E. The Theory of Environmental Policy [M]. 2nd ed. Cambridge: Cambridge University Press, 1988.

[170] Baumol W J. On taxation and the control of externalities [J]. The American Economic Review, 1972, 62 (3): 307 – 322.

[171] Bayer P, Aklin M E L. The European Union Emissions Trading System reduced CO_2 emissions despite low prices [J]. Proceedings of the National Academy of Sciences of the United States of America, 2020, 117: 8804 – 8812.

[172] Beaufils T, Böhringer C, Löschel A, et al. Assessing different European Carbon Border Adjustment Mechanism implementations and their impact on trade partners [J]. Communications Earth & Environment, 2023, 4 (1): 131.

[173] Bento A M, Jacobsen M R, Liu A A. Environmental policy in the presence of an informal sector [J]. Journal of Environmental Economics and Management, 2018, 90: 61 – 77.

[174] Black M S, Parry I W H, Mylonas M V, et al. The IMF – World

Bank climate policy assessment tool (CPAT): A model to help countries mitigate climate change [R]. International Monetary Fund, 2023.

[175] Black M S, Minnett D N, Parry I W H, et al. A framework for comparing climate mitigation policies across countries [R]. International Monetary Fund, 2022.

[176] Böhringer C, Peterson S, Rutherford T F, et al. Potential impacts and challenges of border carbon adjustments [J]. Nature Climate Change, 2022, 12 (1): 22 – 29.

[177] Böhringer C, Balistreri E J, Rutherford T F. The role of border carbon adjustment in unilateral climate policy: Overview of an Energy Modeling Forum study (EMF 29) [J]. Energy Economics, 2012, 34: S97 – S110.

[178] Böhringer C, Hoffmann T, Manrique – de – Lara – Peñate C. The efficiency costs of separating carbon markets under the EU emissions trading scheme: A quantitative assessment for Germany [J]. Energy Economics, 2006, 28 (1): 44 – 61.

[179] Böhringer C, Schneider J, Asane – Otoo E. Trade in carbon and carbon tariffs [J]. Environmental and Resource Economics, 2021, 78: 669 – 708.

[180] Böhringer C, Carbone J C, Rutherford T F. The strategic value of carbon tariffs [J]. American Economic Journal: Economic Policy, 2016, 8 (1): 28 – 51.

[181] Böhringer C, Carbone J C, Rutherford T F. Unilateral climate policy design: Efficiency and equity implications of alternative instruments to reduce carbon leakage [J]. Energy Economics, 2012, 34 (Suppl. 2): 208 – 217.

[182] Böhringer C, Carbone J C, Rutherford T F. Embodied carbon tariffs [J]. The Scandinavian Journal of Economics, 2018, 120 (1): 183 – 210.

[183] Bordoff J E. International trade law and the economics of climate policy: Evaluating the legality and effectiveness of proposals to address competi-

tiveness and leakage concerns [C] // Proceedings of Brookings Trade Forum. Washington, DC: Brookings Institution Press, 2008: 35 - 68.

[184] Bovenberg A L, Goulder L H. Environmental taxation and regulation [M] //Auerbach A, Feldstein M. Handbook of Public Economics. New York: North Holland, 2002, 3: 1471 - 1545.

[185] Bowen A. Carbon pricing: How best to use the revenue [EB/OL]. (2015 - 12 - 31) [2024 - 05 - 14]. https://www.lse.ac.uk/GranthamInstitute/wp - content/uploads/2014/02/PB_ case - carbon - pricing_ Bowen.pdf.

[186] Bowen A. The case for carbon pricing [EB/OL]. (2011 - 12 - 31) [2024 - 05 - 14]. https://www.lse.ac.uk/GranthamInstitute/wp - content/uploads/2014/02/PB_ case - carbon - pricing_ Bowen.pdf.

[187] Branger F, Quirion P. Would border carbon adjustments prevent carbon leakage and heavy industry competitiveness losses? Insights from a meta - analysis of recent economic studies [J]. Ecological Economics, 2014, 99: 29 - 39.

[188] Burniaux J M, Chateau J, Dellink R, et al. The economics of climate change mitigation: How to build the necessary global action in a cost - effective manner [M]. Paris: OECD Publishing, 2009.

[189] Bushnell J B, Chong H, Mansur E T. Profiting from regulation: Evidence from the European carbon market [J]. American Economic Journal: Economic Policy, 2013, 5: 78 - 106.

[190] Calel R, Dechezleprêtre A. Environmental policy and directed technological change: Evidence from the European carbon market [J]. Review of Economics and Statistics, 2016, 98 (1): 173 - 191.

[191] Carattini S, Carvalho M, Fankhauser S. Overcoming public resistance to carbon taxes [J]. Wiley Interdisciplinary Reviews: Climate Change, 2018, 9 (5): e531.

[192] Carbon Pricing Leadership Coalition (CPLC). How can consump-

tion – based carbon pricing address carbon leakage and competitiveness concerns? ［EB/OL］. （2018 – 04 – 01）［2024 – 05 – 12］. https：//www. carbonpricin-gleadership. org.

［193］ Carbon Pricing Leadership Coalition （CPLC）. Report of the High – Level Commission on Carbon Prices ［EB/OL］. （2017 – 06 – 01）［2024 – 02 – 10］. https：//www. carbonpricingleadership. org/report – of – the – highlevel – commission – on – carbon – prices.

［194］ Carbon Pricing Leadership Coalition. Carbon Pricing Leadership Re-port 2021/22 ［EB/OL］. （2022 – 03 – 31）［2024 – 04 – 18］. https：//www. carbonpricingleadership. org/leadershipreports.

［195］ Carhart M, Grosjean G, Grosjean S, et al. Measuring comprehen-sive carbon prices of national climate policies ［J］. Climate Policy, 2022, 22 （2）：198 – 207.

［196］ Caron J. Estimating carbon leakage and the efficiency of border ad-justments in general equilibrium – Does sectoral aggregation matter? ［J］. Energy Economics, 2012, 34 （Suppl. 2）：S111 – S126.

［197］ Chatham House. Which countries are most exposed to the EU's pro-posed carbon tariffs? ［EB/OL］. （2021 – 08 – 20）. ［2024 – 08 – 12］. ht-tps：//resourcetrade. earth/publications/which – countries – are – most – ex-posed – to – the – eus – proposed – carbon – tariffs.

［198］ Chaton C, Creti A, Sanin M E. Assessing the implementation of the Market Stability Reserve ［J］. Energy Policy, 2018, 118：642 – 654.

［199］ Chen J, Liu W, Zhang X, et al. EU climate mitigation policy ［R］. Departmental Paper No. 13, International Monetary Fund, Washington, DC, 2020.

［200］ Climate Change Committee. The sixth carbon budget：the UK's path to net zero ［EB/OL］. （2020 – 12 – 09）［2024 – 03 – 18］. https：//www. theccc. org. uk/publication/sixth – carbon – budget/.

[201] Coady M D, Parry I W H, Shang B, et al. Global fossil fuel subsidies remain large: An update based on country – level estimates [R]. International Monetary Fund, 2019.

[202] Coase R H. The problem of social cost [J]. Journal of Law and Economics, 1960, 3: 1 – 44.

[203] Condon M, Ignaciuk A. Border carbon adjustment and international trade: A literature review [R]. OECD Trade and Environment Working Paper, OECD Publishing, Paris, No. 6, 2013.

[204] Cosbey A, Droege S, Fischer C, et al. A guide for the concerned: Guidance on the elaboration and implementation of border carbon adjustment [R]. International Institute for Sustainable Development, 2012.

[205] Cosbey A, Droege S, Fischer C, et al. A guide for the concerned: Guidance on the elaboration and implementation of border carbon adjustment [R]. ENTWINED Policy Report, No. 03, 2012.

[206] Cosbey A, Droege S, Fischer C, et al. Developing guidance for implementing border carbon adjustments: Lessons, cautions, and research needs from the literature [J]. Review of Environmental Economics and Policy, 2019, 13 (1): 3 – 22.

[207] Cosbey A. Border carbon adjustment [C] //Proceedings of IISD Background Paper for the Trade and Climate Change Seminar, 2008, 6: 18 – 20.

[208] Council of the EU. 'Fit for 55': Council and Parliament reach provisional deal on EU Emissions Trading System and the Social Climate Fund [EB/OL]. (2022 – 12 – 18) [2024 – 03 – 12]. https: //www. consilium. europa. eu/en/press/press – releases/2022/12/18/fit – for – 55 – council – and – parliament – reach – provisional – deal – on – eu – emissions – trading – system – and – the – social – climate – fund/.

[209] Courchene T J, Allan J R. Climate change: The case for a carbon tariff/tax [J]. Policy Options Montreal, 2008, 29 (3): 59.

［210］ Crowley K. Pricing carbon: The politics of climate policy in Australia ［J］. WIREs Climate Change, 2013, 4 (6): 603 – 613.

［211］ Cui J, Wang C, Zhang J, et al. The effectiveness of China's regional carbon market pilots in reducing firm emissions ［J］. Proceedings of the National Academy of Sciences, 2021, 118 (52) .

［212］ Curtis E M, O'Kane L, Park R J. Workers and the green – energy transition: Evidence from 300 million job transitions ［J］. Environmental and Energy Policy and the Economy, 2024, 5 (1): 127 – 161.

［213］ D'Arcangelo F, Ranaldi F, Sabadini R, et al. Estimating the CO_2 emission and revenue effects of carbon pricing: New evidence from a large cross – country dataset ［R］. OECD Economics Department Working Papers, OECD Publishing, Paris, No. 1732, 2022.

［214］ D'Arcangelo F, Franco D, Sangalli M, et al. Corporate cost of debt in the low – carbon transition: The effect of climate policies on firm financing and investment through the banking channel ［R］. OECD Economics Department Working Papers, No. 1761. Paris: OECD Publishing, 2023.

［215］ Davis L W, Killian L. Estimating the effect of a gasoline tax on carbon emissions ［J］. Journal of Applied Econometrics, 2011, 26 (7): 1187 – 1214.

［216］ De Perthuis C, Trotignon R. Governance of CO_2 markets: Lessons from the EU ETS ［J］. Energy Policy, 2014, 75: 100 – 106.

［217］ Dechezleprêtre A, Sato M. The impacts of environmental regulations on competitiveness ［J］. Review of Environmental Economics and Policy, 2017, 11: 183 – 206.

［218］ Deloitte. Work toward net zero: The rise of the Green Collar workforce in a just transition ［EB/OL］. (2022 – 12 – 31) ［2024 – 05 – 05］. https: // www2. deloitte. com/cn/zh/pages/risk/articles/work – toward – net – zero. html.

［219］ Dechezleprêtre A, Nachtigall D, Venmans F. The joint impact of the European Union emissions trading system on carbon emissions and economic performance [R]. OECD Economics Department Working Papers, No. 1515. Paris: OECD Publishing, 2018.

[220] Deschenes O. Climate policy and labor markets [M] // Fullerton D, Wolfram C. The Design and Implementation of US Climate Policy. Chicago, IL: University of Chicago Press, 2011: 37 – 49.

[221] Dimanchev E, Knittel C. Designing climate policy mixes: Analytical and energy system modeling approaches [J]. Energy Economics, 2023, 122: 106697.

[222] Dissou Y, Eyland T. Carbon control policies, competitiveness, and border tax adjustments [J]. Energy Economics, 2011, 33 (3): 556 – 564.

[223] Dolphin G, Pollitt M, Newbery D M. The political economy of carbon pricing: A panel analysis [J]. Oxford Economic Papers, 2020, 72 (2): 472 – 500.

[224] Dong Y, Whalley J. Carbon, trade policy, and carbon free trade areas [J]. National Bureau of Economic Research, 2008.

[225] Dong Y, Whalley J. How large are the impacts of carbon motivated border tax adjustments [J]. National Bureau of Economic Research, 2009.

[226] Dresner S, Jackson T, Gilbert N. History and social responses to environmental tax reform in the United Kingdom [J]. Energy Policy, 2006, 34 (8): 930 – 939.

[227] Drews S, van den Bergh J C J M. What explains public support for climate policies: A review of empirical and experimental studies [J]. Climate Policy, 2015, 16 (7): 1 – 20.

[228] Droege S, van Asselt H, Jotzo F, et al. Tackling leakage in a world of unequal carbon prices [R]. London: Climate Strategies, 2009.

[229] Dussaux D. The joint effects of energy prices and carbon taxes on environmental and economic performance: Evidence from the French manufactur-

ing sector ［R］. OECD Environment Working Papers, No. 154. Paris: OECD Publishing, 2020.

［230］ Ellerman A D, Buchner B K, Carraro C. Allocation in the European Emissions Trading Scheme: Rights, rents and fairness ［J］. Economics Papers from University Paris Dauphine, 2007, 43（1）: 69 – 79.

［231］ Ellerman A D, Convery F J, de Perthuis C. Pricing carbon: The European Union emissions trading scheme ［M］. Cambridge: Cambridge University Press, 2010.

［232］ European Commission. A Clean Planet for all: A European strategic long – term vision for a prosperous, modern, competitive and climate neutral economy ［EB/OL］. （2018 – 12 – 05）［2023 – 05 – 12］. https: // ec. europa. eu/newsroom/growth/items/640158/.

［233］ European Commission. Carbon Border Adjustment Mechanism ［EB/OL］. （2024 – 06 – 02）［2024 – 08 – 12］. https: //taxation – customs. ec. europa. eu/carbon – border – adjustment – mechanism_ en.

［234］ European Investment Bank Group. Climate Bank Roadmap 2021 – 2025 ［EB/OL］. （2020 – 12 – 14）［2023 – 07 – 15］. https: //www. eib. org/ en/publications/the – eib – group – climate – bank – roadmap.

［235］ Fetet S, Postic M. Global Carbon Accounts in 2021 ［EB/OL］. （2021 – 10 – 21）［2024 – 04 – 19］. https: //www. i4ce. org/en/publication/ global – carbon – account – in – 2021/.

［236］ Fischer C, Newell R G. Environmental and technology policies for climate mitigation ［J］. Journal of Environmental Economics and Management, 2008, 55（2）: 142 – 161.

［237］ Fischer C. Market – based clean performance standards as building blocks for carbon pricing ［R］. Hamilton Project Report, Washington, DC: Brookings Institution, 2019.

［238］ Fischer C. Rebating environmental policy revenues: Output – based allocations and tradable performance standards [R]. RFF Discussion Paper 01 – 22. Washington, DC: Resources for the Future, 2001.

[239] Fischer C, Torvanger A, Shrivastava M K, et al. How should support for climate – friendly technologies be designed? [J]. Ambio, 2012, 41 (Suppl 1): 33 – 45.

[240] Fischer C, Fox A K. Combining rebates with carbon taxes: Optimal strategies for coping with emissions leakage and tax interactions [R]. Resources for the Future, 2009, 09 – 12.

[241] Fischer C, Fox A K. Comparing policies to combat emissions leakage: Border tax adjustments versus rebates [J]. Journal of Environmental Economics and Management, 2012, 64 (2): 199 – 216.

[242] Flannery B, Hillman J A, Mares J W, et al. Framework proposal for a US upstream greenhouse gas tax with WTO – compliant border adjustments [R]. Georgetown University Law Center report, Washington, DC, 2018.

[243] Fowlie M, Reguant M. Mitigating emissions leakage in incomplete carbon markets [J]. Journal of the Association of Environmental and Resource Economists, 2022, 9: 307 – 343.

[244] Gençsü I, Grayson A, Mason N, et al. Migration and skills for the low – carbon transition [R]. Working Paper, 2020.

[245] Gerbeti A. Market mechanisms for reducing emissions and the introduction of a flexible consumption tax [J]. Global Journal of Flexible Systems Management, 2021, 22 (Suppl 2): 161 – 178.

[246] Ghosh M, Luo D, Siddiqui M S, et al. Border tax adjustments in the climate policy context: CO2 versus broad – based GHG emission targeting [J]. Energy Economics, 2012, 34 (Suppl 2): S154 – S167.

[247] Goulder L H, Parry I W H. Instrument choice in environmental policy [J]. Review of Environmental Economics and Policy, 2008, 2 (2): 152 – 174.

［248］Goulder L H, Schein A R. Carbon taxes versus cap and trade: A critical review ［J］. Climate Change Economics, 2013, 4 (3): 1 - 28.

［249］Goulder L H. Environmental taxation and the double dividend: A reader's guide ［J］. International Tax and Public Finance, 1995, 2 (2): 157 - 183.

［250］Goulder L H, Parry I W H, Burtraw D. Revenue - raising versus other approaches to environmental protection: The critical significance of pre - existing tax distortions ［J］. RAND Journal of Economics, 1997, 28 (4): 708 - 731.

［251］Gray W B, Metcalf G E. Carbon tax competitiveness concerns: Assessing a best practices carbon credit ［J］. National Tax Journal, 2017, 70: 447 - 468.

［252］Green J. Does carbon pricing reduce emissions? A review of ex - post analyses ［J］. Environmental Research Letters, 2021, 16 (4): 043004.

［253］Gros D, Egenhofer C, Fujiwara N, et al. Climate change and trade: Taxing carbon at the border ［R］. ERN: Externalities; Redistributive Effects; Environmental Taxes & Subsidies (Topic), 2010.

［254］Gros D. Global welfare implications of carbon border taxes ［R］. CESIFO Working Paper No. 2790. Cambridge: CESIFO, 2009.

［255］Grossman G M, Krueger A B. Environmental impacts of a North American Free Trade Agreement ［R］. Working Papers of National Bureau of Economic Research, No. 3914, 1991.

［256］Grubb M, Neuhoff K. Allocation and competitiveness in the EU emissions trading scheme: Policy overview ［J］. Climate Policy, 2006, 6 (1): 7 - 30.

［257］Gutierrez - Torres D. Interaction between the carbon tax and renewable energy support schemes in Colombia - Complementary or overlapping? ［R］. The International Institute for Industrial Environmental Economics, 2017.

[258] Haites E. Carbon taxes and greenhouse gas emissions trading systems: What have we learned? [J]. Climate Policy, 2018, 18 (8): 955 – 966.

[259] Hammar H, Löfgren Å, Sterner T. Political economy obstacles to fuel taxation [J]. The Energy Journal, 2004, 25 (3): 1 – 17.

[260] Heine D, Black S. Benefits beyond climate: Environmental tax reform [M] // Fiscal Policies for Climate and Development. Washington DC: World Bank, 2019.

[261] Hicks J. The theory of wages [M]. London: Palgrave Macmillan UK, 1963.

[262] Hof A F, Brink C, Mendoza Beltran A, et al. Global and regional abatement costs of Nationally Determined Contributions (NDCs) and of enhanced action to levels well below 2℃ and 1.5℃ [J]. Environmental Science & Policy, 2017, 71: 30 – 40.

[263] Hsu S L. The case for a carbon tax: Getting past our hang – ups to effective climate policy [M]. Washington: Island Press, 2011.

[264] Hübler M. Can carbon – based import tariffs effectively reduce carbon emissions [R]. Kiel Working Papers, 2009.

[265] Hübler M, Voigt S, Löschel A. Designing an emissions trading scheme for China—An up – to – date climate policy assessment [J]. Energy Policy, 2014, 75: 57 – 72.

[266] IMF & WB. The IMF – World Bank Climate Policy Assessment Tool (CPAT): A Model to Help Countries Mitigate Climate Change [EB/OL]. (2023 – 06 – 30) [2024 – 08 – 04]. https: //www. imf. org/en/Publications/ WP/Issues/2023/06/22/The – IMF – World – Bank – Climate – Policy.

[267] IMF. Proposal for an International Carbon Price Floor Among Large Emitters [EB/OL]. (2021 – 06 – 18) [2024 – 08 – 24]. https: //www. imf. org/en/Publications/staff – climate – notes/Issues/2021/06/15/Proposal – for – an – International – Carbon – Price – Floor – Among – Large – Emitters –

460468.

[268] International Monetary Fund (IMF). Public perceptions of climate mitigation policies: Evidence from cross - country surveys [EB/OL]. (2023 - 02 - 09) [2023 - 12 - 04]. https://www.imf.org/en/Publications/Staff - Discussion - Notes/Issues/2023/02/07/Public - Perceptions - of - Climate - Mitigation - Policies - Evidence - from - Cross - Country - Surveys - 528057.

[269] Intergovernmental Panel on Climate Change (IPCC). Global warming of 1.5℃ [EB/OL]. (2019 - 02 - 06) [2024 - 08 - 12]. https://www.ipcc.ch/sr15/.

[270] Intergovernmental Panel on Climate Change (IPCC). Guidelines for national greenhouse gas inventories, prepared by the national greenhouse gas inventories programme [EB/OL]. (2008 - 06 - 06) [2024 - 07 - 12]. https://www.ipcc.ch/report/2006 - ipcc - guidelines - for - national - greenhouse - gas - inventories/.

[271] Intergovernmental Panel on Climate Change (IPCC). Synthesis report of the IPCC sixth assessment report (AR6) [EB/OL]. (2023 - 04 - 04) [2024 - 01 - 12]. https://www.ipcc.ch/assessment - report/ar6/.

[272] International Carbon Action Partnership (ICAP). Documentation allowance price explorer [EB/OL]. (2023 - 12 - 12) [2024 - 05 - 12]. https://icapcarbonaction.com/en/documentation - allowance - price - explorer.

[273] International Carbon Action Partnership (ICAP). Emissions trading worldwide: Status report 2023 [EB/OL]. (2023 - 03 - 22) [2024 - 04 - 11]. https://icapcarbonaction.com/en/publications/emissions - trading - worldwide - 2023 - icap - status - report.

[274] International Carbon Action Partnership (ICAP). Offset use across emissions trading systems [EB/OL]. (2023 - 01 - 17) [2024 - 03 - 20]. https://icapcarbonaction.com/en/publications/offset - use - across - emissions - trading - systems.

[275] International Energy Agency (IEA). Extended world energy balances (database) [EB/OL]. (2020 – 12 – 12) [2024 – 03 – 17]. https://www.iea.org/data – and – statistics/data – product/world – energy – balances.

[276] International Energy Agency (IEA). Net zero by 2050: A roadmap for the global energy sector [EB/OL]. (2021 – 06 – 08) [2024 – 04 – 14]. https://www.iea.org/events/net – zero – by – 2050 – a – roadmap – for – the – global – energy – system.

[277] International Energy Agency (IEA). World energy balances – 2020 edition – database documentation [EB/OL]. (2020 – 05 – 04) [2024 – 06 – 12]. https://www.iea.org/subscribe – to – data – services/world – energy – balances – and – statistics.

[278] International Energy Agency (IEA). World energy outlook 2022 [EB/OL]. (2022 – 10 – 27) [2024 – 03 – 18]. https://www.iea.org/reports/world – energy – outlook – 2022.

[279] International Monetary Fund. Fiscal affairs dept. Fiscal policies for Paris climate strategies—From principle to practice [M]. Washington DC: International Monetary Fund, 2019.

[280] Ismer R, Neuhoff K. Border tax adjustment: A feasible way to support stringent emissions trading [J]. European Journal of Law and Economics, 2007, 24 (2): 137 – 164.

[281] Jerrett M, Jina A S, Marlier M E. Up in smoke: California's greenhouse gas reductions could be wiped out by 2020 wildfires [J]. Environmental Pollution, 2022, 310: 119888.

[282] Jeswani H, Chilvers A, Azapagic A. Environmental sustainability of biofuels: A review [J]. Proceedings of the Royal Society A: Mathematical, Physical and Engineering Sciences, 2020, 476 (2243).

[283] Kardish C, Maosheng D, Lina L, et al. The EU carbon border adjustment mechanism (CBAM) and China: Unpacking options on policy design,

potential responses, and possible impacts [EB/OL]. (2021 – 12 – 02) [2024 – 01 – 12]. https：//adelphi. de/en/publications/the – eu – carbon – border – adjustment – mechanism – cbam – and – china.

[284] Kaufman N, Barron A R, Krawczyk W, et al. A near – term to net zero alternative to the social cost of carbon for setting carbon prices [J]. Nature Climate Change, 2020, 10 (11): 1010 – 1014.

[285] Keen M, Kotsogiannis C. Coordinating climate and trade policies: Pareto efficiency and the role of border tax adjustments [J]. Journal of International Economics, 2014, 94: 119 – 128.

[286] Keen M, Parry I W H, Roaf J. Border carbon adjustments: Rationale, design and impact [R]. IMF Working Paper No. 239. Washington DC: International Monetary Fund, 2021.

[287] Keohane N O, Revesz R L, Stavins R N. The choice of regulatory instruments in environmental policy [J]. Harvard Environmental Law Review, 1998, 22 (2): 313 – 367.

[288] Kollenberg S, Taschini L. Dynamic supply adjustment and banking under uncertainty in an emission trading scheme: The market stability reserve [J]. European Economic Review, 2019, 118: 213 – 226.

[289] van Kooten G C, Binkley C S, Delcourt G. Effect of carbon taxes and subsidies on optimal forest rotation age and supply of carbon services [J]. American Journal of Agricultural Economics, 1995, 77 (2): 365 – 374.

[290] Kuik O, Hofkes M. Border adjustment for European emissions trading: Competitiveness and carbon leakage [J]. Energy Policy, 2010, 38 (4): 1741 – 1748.

[291] Lanzi E, Chateau J, Dellink R. Alternative approaches for levelling carbon prices in a world with fragmented carbon markets [J]. Energy Economics, 2012, 34 (Suppl 2): S240 – S250.

[292] Larch M, Wanner J. Carbon tariffs: An analysis of the trade, wel-

fare, and emission effects [J]. Journal of International Economics, 2017, 109: 195 – 213.

[293] Leining C, Kerr S, Bruce – Brand B. The New Zealand emissions trading scheme: Critical review and future outlook for three design innovations [J]. Climate Policy, 2020, 20: 246 – 264.

[294] Leroutier M. Carbon pricing and power sector decarbonisation: Evidence from the UK [J]. Journal of Environmental Economics and Management, 2022, 111.

[295] Li A J, Zhang A Z, Ca H B, et al. How large are the impacts of carbon – motivated border tax adjustments on China and how to mitigate them? [J]. Energy Policy, 2013, 63: 927 – 934.

[296] Liang Q M, Wang T, Xue M M. Addressing the competitiveness effects of taxing carbon in China: Domestic tax cuts versus border tax adjustments [J]. Journal of Cleaner Production, 2015, 1: 1 – 14.

[297] Lockwood B, Whalley J. Carbon – motivated border tax adjustments: Old wine in green bottles? [J]. The World Economy, 2010, 33 (6): 810 – 819.

[298] London School of Economics and Political Science. What is the Just Transition and what does it mean for climate action? [EB/OL]. (2024 – 02 – 20) [2024 – 02 – 20]. https://www.lse.ac.uk/granthaminstitute/explainers/what – is – the – just – transition – and – what – does – it – mean – for – climate – action/.

[299] Lowe S. Should the UK introduce a border carbon adjustment mechanism? [EB/OL]. (2021 – 01 – 14) [2024 – 08 – 12]. https://www.cer.eu/in – the – press/should – uk – introduce – border – carbon – adjustment – mechanism.

[300] Majocchi A, Missaglia M. Environmental taxes and border tax adjustments: An economic assessment [R]. Working Papers of the University of

Pavia, Italy, No. 127, 2002.

[301] Mäler K G, Vincent J R. The economics of climate change [M]. London: HM Treasury, 2006.

[302] Mandell S. Optimal mix of emissions taxes and cap – and – trade [J]. Journal of Environmental Economics and Management, 2008, 56 (2): 131 – 140.

[303] Manders A J G, Veenendaal P J J. Border tax adjustments and the EU – ETS: A quantitative assessment [R]. CPB, Centraal Planbureau, 2008.

[304] Manders T, Veenendaal P. Border tax adjustment and the EU – ETS: A quantitative assessment [R]. CPB Document, 2008: 32 – 33.

[305] Mankiw N G. Smart taxes: An open invitation to join the Pigou club [J]. Eastern Economic Journal, 2009, 35 (1): 14 – 23.

[306] Marshall A. Principles of economics [M]. New York: Cosimo Inc Press, 1980.

[307] Mathiesen L, Maestad O. Climate policy and the steel industry: Achieving global emission reductions by an incomplete climate agreement [J]. The Energy Journal, 2004: 91 – 114.

[308] Mattoo A, Subramanian A, Van Der Mensbrugghe D, et al. Reconciling climate change and trade policy [R]. Center for Global Development Working Paper, No. 189, 2009.

[309] McKibbin W J, Wilcoxen P J. The economic and environmental effects on border tax adjustments for climate policy [R]. CAMA Working Papers, Australian National University, Center for Applied Macroeconomic Analysis, 2009.

[310] Mehling M A, Van Asselt H, Das K, et al. Designing border carbon adjustments for enhanced climate action [J]. American Journal of International Law, 2019, 113 (3): 433 – 481.

[311] Metcalf G E. Designing a carbon tax to reduce U. S. greenhouse gas

emissions [J]. Review of Environmental Economics and Policy, 2009, 3 (1): 63 – 83.

[312] Misch F, Wingender P. Revisiting carbon leakage [R]. IMF Working Paper, No. 207. Washington DC: International Monetary Fund, 2021.

[313] Mo J, Tu Q, Wang J. Carbon pricing and enterprise productivity—The role of price stabilization mechanism [J]. Energy Economics, 2023.

[314] Monjon S, Quirion P. Addressing leakage in the EU ETS: Border adjustment or output – based allocation? [J]. Ecological Economics, 2011, 70: 1957 – 1971.

[315] Morris A. Making border carbon adjustments work in law and practice [R]. Washington DC: Tax Policy Center, Urban Institute and Brookings Institution, 2018.

[316] Muñoz – Piña C, Rivera M. From negative to positive carbon pricing in Mexico [J]. Economics of Energy and Environmental Policy, 2022, 11 (2): 5 – 25.

[317] Neuhoff K, Ancygier A, Ponssard J P, et al. Modernization and innovation in the materials sector: Lessons from steel and cement [J]. DIW Economic Bulletin, 2015, 5 (28): 387 – 395.

[318] Nordhaus W D. Climate clubs: Overcoming free – riding in international climate policy [J]. American Economic Review, 2015, 105 (4): 1339 – 1370.

[319] Oates W E, Portney P R. The political economy of environmental policy [M] //Handbook of Environmental Economics. Amsterdam: Elsevier Science B. V. , 2003: 325 – 354.

[320] Odeck J, Bråthen S. Toll financing in Norway: The success, the failures and perspectives for the future [J]. Transport Policy, 2002, 9 (3): 253 – 260.

[321] OECD. Biodiversity and the economic response to COVID – 19: En-

suring a green and resilient recovery [EB/OL]. (2020 - 09 - 28) [2021 - 06 - 11]. https：//www. oecd. org/en/publications/2020/09/biodiversity - and - the - economic - response - to - covid - 19 - ensuring - a - green - and - resilient - recovery_ 9927b001. html.

[322] OECD. Climate policy leadership in an interconnected world：What role for border carbon adjustments? [EB/OL]. (2020 - 12 - 23) [2024 - 04 - 12]. https：//www. oecd - ilibrary. org/environment/climate - policy - leadership - in - an - interconnected - world_ 8008e7f4 - en.

[323] OECD. Delivering climate - change mitigation under diverse national policy approaches：An independent IMF/OECD report to support the German 2022 G7 presidency [EB/OL]. (2022 - 12 - 21) [2024 - 04 - 12]. https：//www. oecd. org/en/publications/delivering - climate - change - mitigation - under - diverse - national - policy - approaches_ 9dd185d7. html.

[324] OECD. Effective carbon prices [EB/OL]. (2013 - 11 - 04) [2013 - 12 - 04]. https：//www. oecd. org/env/tools - evaluation/effective - carbon - prices - 9789264196964 - en. htm.

[325] OECD. Effective carbon rates 2018：Pricing carbon emissions through taxes and emissions trading [EB/OL]. (2018 - 09 - 18) [2021 - 08 - 12]. https：//www. oecd. org/en/publications/effective - carbon - rates - 2018_ 058ca239 - en. html.

[326] OECD. Effective carbon rates 2021：Pricing carbon emissions through taxes and emissions trading [EB/OL]. (2021 - 05 - 05) [2022 - 04 - 12]. https：//www. oecd - ilibrary. org/taxation/effective - carbon - rates - 2021_ 0e8e24f5 - en.

[327] OECD. Effective carbon rates：Pricing CO_2 through taxes and emissions trading systems [EB/OL]. (2016 - 09 - 26) [2022 - 07 - 12]. https：// www. oecd. org/en/publications/effective - carbon - rates_ 9789264260115 - en. html.

［328］OECD. Environment at a glance 2020 ［EB/OL］.（2020 – 02 – 24）［2021 – 05 – 12］. https：//www. oecd – ilibrary. org/environment/environ-ment – at – a – glance/volume – _ 4ea7d35f – en.

［329］OECD. Fighting climate change：International attitudes toward cli-mate policies ［EB/OL］.（2022 – 07 – 12）［2023 – 06 – 11］. https：//www. oecd. org/en/publications/2020/09/biodiversity – and – the – economic – response – to – covid – 19 – ensuring – a – green – and – resilient – recovery_ 9927b001. html.

［330］OECD. Ireland's carbon tax and the fiscal crisis ［EB/OL］.（2013 – 10 – 03）［2024 – 08 – 25］. https：//www. oecd. org/en/publications/ireland – s – carbon – tax – and – the – fiscal – crisis_ 5k3z11j3w0bw – en. html.

［331］OECD. Net zero + ：Climate and economic resilience in a changing world ［EB/OL］.（2023 – 05 – 16）［2024 – 05 – 12］. https：//www. oecd – ilibrary. org/environment/net – zero_ da477dda – en.

［332］OECD. OECD environmental performance reviews：Finland 2021 ［EB/OL］.（2021 – 12 – 13）［2022 – 08 – 16］. https：//www. oecd – ili-brary. org/environment/oecd – environmental – performance – reviews – finland – 2021_ d73547b7 – en.

［333］OECD. OECD Secretary – General report to G20 leaders on the work of the inclusive forum on carbon mitigation approaches ［EB/OL］.（2023 – 09 – 23）［2024 – 01 – 12］. https：//www. oecd. org/environment/oecd – secretary – general – report – to – g20 – leaders – on – the – work – of – the – inclusive – forum – on – carbon – mitigation – approaches – india – september – 29d18ce5 – en. htm.

［334］OECD. OECD taxation working papers ［EB/OL］.（2024 – 01 – 09）［2024 – 04 – 12］. https：//www. oecd – ilibrary. org/taxation/oecd – taxa-tion – working – papers_ 22235558.

［335］OECD. Options for assessing and comparing climate change mitiga-tion policies across countries ［EB/OL］.（2023 – 02 – 28）［2024 – 05 – 05］.

https：//www. oecd. org/en/publications/options－for－assessing－and－comparing－climate－change－mitigation－policies－across－countries_ b136e575－en. html.

［336］OECD. Pricing greenhouse gas emissions：Turning climate targets into climate action ［EB/OL］. （2022－11－03）［2023－09－22］. https：//www. oecd. org/en/topics/environment. html.

［337］OECD. Recommendation of the council on the use of economic instruments in environmental policy ［EB/OL］. （1991－01－31）［2020－04－12］. https：//www. oecd. org/environment/recommendation－of－the－council－on－the－use－of－economic－instruments－in－environmental－policy. htm.

［338］OECD. Reform options for Lithuanian climate neutrality by 2050 ［EB/OL］. （2023－04－24）［2024－06－22］. https：//www. oecd. org/en/publications/reform－options－for－lithuanian－climate－neutrality－by－2050_ 0d570e99－en. html.

［339］OECD. Taxing energy use 2015：OECD and selected partner economies ［EB/OL］. （2015－06－25）［2022－04－11］. https：//www. oecd－ilibrary. org/taxation/taxing－energy－use－2015_ 9789264232334－en.

［340］OECD. Taxing energy use 2019：Using taxes for climate action ［EB/OL］. （2019－10－15）［2022－05－08］. https：//www. oecd. org/en/publications/taxing－energy－use－2019_ 058ca239－en. html.

［341］OECD. The climate action monitor 2023：Providing information to monitor progress towards net－zero ［EB/OL］. （2023－11－17）［2024－04－12］. https：//www. oecd－ilibrary. org/environment/the－climate－action－monitor－2023_ 60e338a2－en.

［342］OECD. The climate actions and policies measurement framework：A structured and harmonised climate policy database to monitor countries' mitigation action ［EB/OL］. （2022－11－07）［2024－08－12］. https：//www. oecd. org/en/publications/the－climate－actions－and－policies－measurement – framework_ 2caa60ce – en. html.

［343］Official Journal of the European Union. Ecodesign and energy label-ling working plan 2022 – 2024 ［EB/OL］. (2022 – 03 – 30) ［2024 – 04 – 12］. https: //energy. ec. europa. eu/publications/ecodesign – and – energy – labelling – working – plan – 2022 – 2024_ en.

［344］Olivier J G J, Peters J A H W. Trends in global CO_2 and total greenhouse gas emissions: 2020 report ［EB/OL］. (2020 – 12 – 21) ［2024 – 08 – 10］. https: //www. pbl. nl/en/publications/trends – in – global – co2 – and – total – greenhouse – gas – emissions – 2020 – report.

［345］Overland I, Huda M S. Climate clubs and carbon border adjust-ments: A review ［J］. Environmental Research Letters, 2022, 17 (9): 093005.

［346］Panayotou T. Empirical tests and policy analysis of environmental degradation at different stages of economic development ［R］. ILO, Technology and Employment Programme, Geneva, 1993.

［347］Parry I. Pollution taxes and revenue recycling ［J］. Journal of Envi-ronmental Economics and Management, 1995, 29 (3): S64 – S77.

［348］Parry I W H, Roaf J, Black S. A proposal for an international car-bon price floor among large emitters ［R］. IMF Staff Climate Note 2021/001. Washington DC: International Monetary Fund, 2021.

［349］Pasurka C. Perspectives on pollution abatement and competitive-ness: Theory, data, and analyses ［J］. Review of Environmental Economics and Policy, 2008, 2 (2): 194 – 218.

［350］Pearce D. The role of carbon taxes in adjusting to global warming ［J］. The Economic Journal, 1991, 101 (407): 938 – 948.

［351］Perino G, Willner M. Procrastinating reform: The impact of the market stability reserve on the EU ETS ［J］. Journal of Environmental Econom-ics and Management, 2016, 80: 37 – 52.

［352］Philibert C. How could emissions trading benefit developing countries [J]. Energy Policy, 2000, 28: 947 – 956.

[353] Pigato M A. Fiscal policies for development and climate action [EB/OL]. (2019 – 01 – 01) [2024 – 02 – 04]. https: //documents. worldbank. org/en/publication/documents – reports/documentdetail/340601545406276579/ fiscal – policies – for – development – and – climate – action.

[354] Pigou A C. The economics of welfare [M]. London: Macmillan, 1920.

[355] Pizarro R, Pinto F. Chile: Green taxes, design and implementation [M] // Carbon Price in Latin America. Peru: Peruvian Society of Environmental Law, GIZ Publications, 2019.

[356] Pizarro R, Pinto F, Ainzúa S. Estrategia de los impuestos verdes en Chile [R]. GIZ/MMA, 2017.

[357] Pizer W A. Combining price and quantity controls to mitigate global climate change [J]. Journal of Public Economics, 2002, 85 (3): 409 – 434.

[358] PMR. Guide to Communicating Carbon Pricing [R]. (2018 – 12 – 20) [2024 – 06 – 13]. https: //openknowledge. worldbank. org/bitstream/handle/10986/30921/132534 – WP – WBFINALonline. pdf? sequence = 9&isAllowed = y.

[359] Quirion P, Demailly D. Leakage from climate policies and border tax adjustment: Lessons from a geographic model of the cement industry [R]. 2006.

[360] REN L, ZHOU S, et al. A review of CO_2 emissions reduction technologies and low – carbon development in the iron and steel industry focusing on China [EB/OL]. (2021 – 03 – 17) [2024 – 05 – 10]. https: //www. sciencedirect. com/science/article/abs/pii/S1364032121001404.

[361] Rivers N, Schaufele B. Salience of carbon taxes in the gasoline market [J]. Journal of Environmental Economics and Management, 2015, 74: 23 – 36.

[362] Rogelj J, Shindell D, Jiang K, et al. Mitigation pathways compatible with 1. 5℃ in the context of sustainable development [M] // Global Warming of 1. 5℃. Intergovernmental Panel on Climate Change, 2018: 93 – 174.

[363] Roppongi H, Suwa A, Puppim De Oliveira J A. Innovating in sub – national climate policy: The mandatory emissions reduction scheme in Tokyo [J]. Climate Policy, 2017, 17 (4): 516 –532.

[364] Rossetto D. The long – term feasibility of border carbon mechanisms: An analysis of measures proposed in the European Union and the United States and the steel production sector [J]. Sustainable Horizons, 2023, 6: 100053.

[365] Rudolph S, Kawakatsu T. Tokyo's greenhouse gas emissions trading scheme: A model for sustainable megacity carbon markets [M] // Market – Based Instruments. Edward Elgar Publishing, 2013: 77 –93.

[366] Samuelson P A, Nordhaus W D. Economics [M]. Hil Compames Press, 1998.

[367] Schuitema G, Steg L, Forward S. Explaining differences in acceptability before and acceptance after the implementation of a congestion charge in Stockholm [J]. Transportation Research Part A: Policy and Practice, 2010, 44 (2): 99 –109.

[368] Sen S, Vollebergh H. The effectiveness of taxing the carbon content of energy consumption [J]. Journal of Environmental Economics and Management, 2018, 92: 74 –99.

[369] Seneca ESG. Europe's CBAM and its impact on China [EB/OL]. (2023 – 11 – 16) [2024 – 05 – 11]. https: //senecaesg. com/zh/insights/insight – europes – cbam – and – its – impact – on – china/.

[370] Shapiro J S. The environmental bias of trade policy [J]. The Quarterly Journal of Economics, 2021, 136: 831 –886.

[371] Sonneborn C. Industry capacity building with respect to market –

based approaches to greenhouse gas reduction: U. S. and Australian perspectives [R]. 2005.

[372] Spash C L, Lo A Y. Australia's carbon tax: A sheep in wolf's clothing? [J]. The Economic and Labour Relations Review, 2012, 23 (1): 67 – 86.

[373] Springmann M. Carbon tariffs for financing clean development [J]. Climate Policy, 2013, 13 (1): 20 – 42.

[374] Stiglitz J. E. , Stern N. Report of the High – Level Commission on Carbon Prices [R/OL]. (2017 – 05 – 29) [2024 – 01 – 09]. https://static1. squarespace. com/static/54ff9c5ce4b0a53decccfb4c/t/59244eed17bffc0ac2 56cf16/1495551740633/CarbonPricing_Final_May29. pdf.

[375] Stern N, Stiglitz J, Taylor C. A social cost of carbon consistent with a net – zero climate goal [R]. Roosevelt Institute, 2022.

[376] Stern N, Stiglitz J, Taylor C. The economics of immense risk, urgent action and radical change: towards new approaches to the economics of climate change [J]. Journal of Economic Methodology, 2022, 29 (3): 181 – 216.

[377] Stevis D, Felli R. Global labour unions and just transition to a green economy [J]. International Environmental Agreements, 2015, 15: 29 – 43.

[378] Taylor S J. A review of sustainable development principles [R]. Centre for Environmental Studies, University of Pretoria, 2016.

[379] The Institute for Climate Economics (I4CE) . Global carbon accounts in 2021 [EB/OL]. (2021 – 10 – 21) [2024 – 04 – 19]. https://www. i4ce. org/en/publication/global – carbon – account – in – 2021/.

[380] Tietenberg T. Tradeable permits for pollution control when emission location matters: What have we learned? [J]. Environmental and Resource Economics, 1995, 5: 95 – 113.

[381] Tietenberg T H. Economic instruments for environmental regulation [M] // Helm D. Economic Policy Towards the Environment. Oxford: Basil

Blackwell, 2001: 86 - 111.

[382] Trades Union Congress. The environment and sustainable development [EB/OL]. (1998 - 09 - 25) [2023 - 03 - 17]. https: //www. tuc. org. uk/research - analysis/reports/chapter10 - environment.

[383] UN. The Cancun Agreements: Outcome of the work of the Ad Hoc Working Group on Long - term Cooperative Action under the Convention [EB/OL]. (2011 - 03 - 15) [2022 - 12 - 19]. https: //genderclimatetracker. org/gender - mandates/cancun - agreements - outcome - work - ad - hoc - working - group - long - term - cooperative - action.

[384] UN. Transforming our world: The 2030 agenda for sustainable development [EB/OL]. (2015 - 10 - 21) [2020 - 08 - 12]. https: //sdgs. un. org/publications/transforming - our - world - 2030 - agenda - sustainable - development - 17981.

[385] Van Asselt H, Brewer T. Addressing competitiveness and leakage concerns in climate policy: An analysis of border adjustment measures in the US and the EU [J]. Energy Policy, 2010, 38 (1): 42 - 51.

[386] Van Dender K, Raj A. Progressing carbon pricing—A Sisyphean task? [J]. Gestion & Finances Publiques, 2022, 7: 43 - 57.

[387] Van der Linde M. Compendium of South African Environmental Legislation [M]. Pretoria: Pretoria University Law Press, 2006: 5.

[388] Van der Ploeg F, Venables A. Radical climate policies [R]. University of Oxford, Policy Research Working Paper, 2022: 1 - 44.

[389] Veenendaal P. Border tax adjustment and the EU - ETS: A quantitative assessment [R]. CPB Netherlands Bureau for Economic Policy Analysis, 2008.

[390] Verde S F, Borghesi S. The international dimension of the EU emissions trading system: Bringing the pieces together [J]. Environmental and Resource Economics, 2022, 83 (1): 23 - 46.

［391］ Victor D G, House J C. BP's emissions trading system ［J］. Energy Policy, 2006, 34（15）: 2100 – 2112.

［392］ Walker M, Storey D J. The "Standards and Price" approach to pollution control: Problems of iteration ［J］. The Scandinavian Journal of Economics, 1977, 79: 99 – 109.

［393］ WB, ICAP. Emissions trading in practice: A handbook on design and implementation（2nd Edition）［EB/OL］.（2021 – 04 – 21）［2022 – 05 – 04］. https://icapcarbonaction. com/en/icap – pmr – ets – handbook.

［394］ WB. Climate change action plan 2021 – 2025 ［EB/OL］.（2021 – 06 – 22）［2022 – 08 – 12］. https://www. worldbank. org/en/news/infographic/2021/06/22/climate – change – action – plan – 2021 – 2025.

［395］ WB. Climate policy assessment tool（CPAT）documentation ［EB/OL］.（2023 – 05 – 04）［2024 – 02 – 12］. https://www. worldbank. org/en/topic/climatechange/brief/climate – policy – assessment – tool.

［396］ WB. Guide to communicating carbon pricing ［EB/OL］.（2018 – 12 – 01）［2023 – 08 – 25］. https://documents. worldbank. org/en/publication/documents – reports/documentdetail/668481543351717355/guide – to – communicating – carbon – pricing.

［397］ WB. Pricing carbon ［EB/OL］.（2024 – 08 – 12）［2024 – 08 – 12］. https://www. worldbank. org/en/programs/pricing – carbon.

［398］ WB. State and trends of carbon pricing 2014 ［EB/OL］.（2014 – 05 – 14）［2024 – 05 – 14］. https://documents. worldbank. org/en/publication/documents – reports/documentdetail/505431468148506727/state – and – trends – of – carbon – pricing – 2014.

［399］ WB. State and trends of carbon pricing 2016 ［EB/OL］.（2016 – 10 – 01）［2020 – 05 – 11］. https://openknowledge. worldbank. org/handle/10986/25160.

［400］ WB. State and trends of carbon pricing 2017 ［EB/OL］.（2017 –

11 – 02) [2024 – 02 – 04]. https: //documents. worldbank. org/en/publication/documents – reports/documentdetail/468881509601753549/state – and – trends – of – carbon – pricing – 2017.

[401] WB. State and trends of carbon pricing 2019 [EB/OL]. (2019 – 06 – 07) [2021 – 08 – 12]. https: //documents. worldbank. org/en/publication/documents – reports/documentdetail/191801559846379845/state – and – trends – of – carbon – pricing – 2019.

[402] WB. State and trends of carbon pricing 2023 [EB/OL]. (2023 – 05 – 23) [2024 – 05 – 12]. https: //blogs. worldbank. org/en/climatechange/state – and – trends – carbon – pricing – 2023.

[403] WB. State and trends of carbon pricing 2024 [EB/OL]. (2024 – 05 – 21) [2024 – 06 – 11]. https: //openknowledge. worldbank. org/entities/publication/b0d66765 – 299c – 4fb8 – 921f – 61f6bb979087.

[404] Weber C L, Peters G P. Climate change policy and international trade: Policy considerations in the US [J]. Energy Policy, 2009, 37 (2): 432 – 440.

[405] Weitzel M, Hübler M, Peterson S. Fair, optimal or detrimental? Environmental vs. strategic use of border carbon adjustment [J]. Energy Economics, 2012.

[406] Weitzman M. Prices vs quantities [R]. Massachusetts Institute of Technology, Working Paper, 1974: 1 – 42.

[407] Weitzman M L. Voting on prices vs. voting on quantities in a world climate assembly [J]. Research in Economics, 2017, 71 (2): 199 – 211.

[408] Winchester N, Paltsev S, Reilly J M. Will border carbon adjustments work? [J]. The BE Journal of Economic Analysis & Policy, 2011, 11 (1).

[409] World Economic Forum (WEF). CBAM: What you need to know about the new EU decarbonization incentive [EB/OL]. (2022 – 12 – 19)

〔2024 - 05 - 12〕. https：//www. weforum. org/agenda/2022/12/cbam - the - new - eu - decarbonization - incentive - and - what - you - need - to - know/.

〔410〕 World Economic Forum. Worldwide renewable energy capacity rises in 2022 〔EB/OL〕. （2023 - 03 - 27） 〔2024 - 08 - 12〕. https：// www. weforum. org/agenda/2023/03/energy - transition - renewable - capacity - up - in - 2022/.

〔411〕 WTO. DDG Paugam：WTO rules no barrier to ambitious environ- mental policies 〔EB/OL〕. （2021 - 09 - 16） 〔2022 - 04 - 14〕. https：// www. wto. org/english/news_ e/news21_ e/ddgjp_ 16sep21_ e. htm.

〔412〕 Yeh S, Burtraw D, Sterner T, et al. Tradable performance stand- ards in the transportation sector 〔J〕. Energy Economics, 2021, 102：105490.

〔413〕 Zachmann G, McWilliams B. A European carbon border tax：Much pain, little gain 〔R〕. Brussels：Bruegel, 2020.

〔414〕 Zhang X. The role of carbon market in achieving China's new cli- mate goals 〔R〕. Beijing：Tsinghua University Institute of Energy, Environment, and Economy, 2021.

〔415〕 Zhang Z X. The US proposed carbon tariffs and China's responses 〔J〕. Energy Policy, 2010, 38 （5）：2168 - 2170.